もっと美しき小さな
雑草の花図鑑

第二弾！

微距攝影の野草之花圖鑑

大作晃一 攝影
多田多惠子 文

野花草微觀解剖書！
更多的香草、食用藥用植物大集合

嚴可婷 譯

CONTENTS

還有更多更多微小的野草花朵四處綻放！

讓我們一起觀察小而美的野草世界吧

微小的野草世界充滿多樣性

只要走出家門，就在幾步路之遙，存在著令人期待的樂園，隨時歡迎你大駕光臨。

雖然通往這個世界的入口微小而不起眼，那就是野草綻放的花朵。不過，如果在鏡頭下嘗試微距拍攝，我們將訝異於野草的小花竟然這麼纖細美麗。

由於乍看之下很小，讓人誤以為野草的花應該都很像，其實它們各有各的獨特面貌。所有的野草花朵都由萼片、花瓣、雄蕊、雌蕊這四個基本部分構成，光是觀察這些部分如何組成，就足以令人讚嘆：野草的世界竟然蘊含著如此豐富的多樣性。

在這些現象背後，隱藏著無法一語道盡的複雜成因，包括植物進化的歷程、基因的影響、花粉的傳播、為了繁衍而暗中進行的策略等。野草的花朵為了以上種種而費盡一切努力，請試著聆聽這些小花所發出的喃喃耳語吧。

真是非常小巧又可愛的花！

花朵的形狀令人驚喜，花瓣的藍色相當罕見！

鴨舌癀（p.110）的花穗直徑只有一公分左右。花瓣在還沒開花前捲起，逐漸由下往上綻放。

瓜子金（p.86）可以在日本的鄉間原野找到蹤影。長著兩片較大的萼片與囊狀的花瓣，是種不可思議的花。

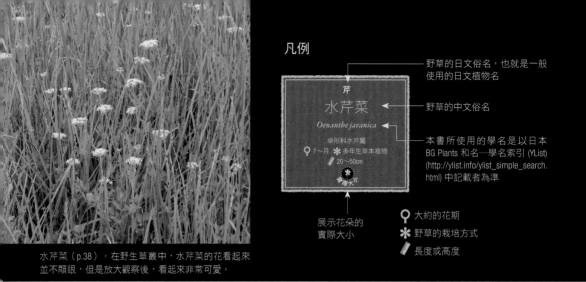

凡例

野草的日文俗名，也就是一般使用的日文植物名

芹

水芹菜

Oenanthe javanica

野草的中文俗名

傘形科水芹屬

♀ 7～月 ✳ 多年生草本植物 🖊 20～50cm

本書所使用的學名是以日本 BG Plants 和名—學名索引 (YList) (http://ylist.info/ylist_simple_search.html) 中記載者為準

展示花朵的實際大小

♀ 大約的花期

✳ 野草的栽培方式

🖊 長度或高度

水芹菜（p.38）。在野生草叢中，水芹菜的花看起來並不顯眼，但是放大觀察後，看起來非常可愛。

各地生長的野草都不同，我們可以試著了解它們的背景

野草生長在各種環境，但是每處可以看到的野草小花都不一樣。

在這本書中，除了一般公園與路旁常見的野草，還加上在新開闢的市區、在雜木林、以及在水田旁的小徑可以看到的野草。

在離城市稍微有點遠的田園地帶，彷彿從民間故事裡老爺爺、老婆婆的年代就早已存在的野草，現在仍靜靜地生長著，讓人看了就覺得很懷舊。像這一類的野草小花，我也想介紹給大家。

如果去完工不久的公園與住宅地，會發現外來種的野草近年來在日本增加了。其中有些説不定是以園藝植物的型態引進，後來又回歸自然，變成野草。

那麼，就讓我們出門去尋找野草吧。要是發現到它們，有些適合的小花還可以放進口袋，這些微小的花朵正在等待著你到訪呢。

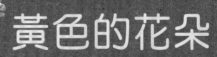

黃色的花朵

這樣是一個頭花（頭狀花序）。

花心蘊含著豐富的花蜜。在冬季來臨前足夠提供蜜蜂採集。

一個頭花的外側是舌狀花，中心由管狀花聚集而成，看起來就像一把小小的花束。外側由總苞裹著這把迷你的花束。

「野草界達斯·維達」（《星際大戰》裡的黑武士）的真面目，其實是這麼可愛的花束。在星星狀的花朵旁，有緞帶般的小花圍繞著……北美一枝黃花從美國北部傳到日本後迅速繁衍，據說花粉會引起人們過敏、對其他植物也有相剋作用（會釋放出妨礙其他植物生長的物質），令人望而生畏，可說是惡勢力的頭目；不過近來北美一枝黃花也遭受病蟲害侵襲，不像之前那麼勢不可擋。仔細想想，關於花粉症的說法恐怕是我們錯怪了北美一枝黃花，因為它的花其實是藉由昆蟲散播的蟲媒花，花粉不會隨風飄散。

大群聚集的黃色小花，無辜地背負著散布花粉的罪名

背高泡立草
北美一枝黃花
Solidago altissima

菊科一枝黃花屬

♀ 10～11月 ✳ 多年生草本植物

📏 100～250cm

實際大小

管狀花同時有雄蕊與雌蕊。

舌狀花只有雌蕊，沒有雄蕊。

萼片的部分變形成冠毛。

這個頭狀花序包括四朵管狀花、十三朵舌狀花。

管狀花與舌狀花都會結果。這朵頭狀花序可以結出十七粒果實。

結出種子的時期變得很蓬鬆柔軟看起來就像啤酒泡沫。

因為結實後令人聯想到白色的泡泡，所以日文漢字寫作「泡立草」。

絨毛既輕又容易飄浮在空中，而且很柔韌。

黃花龍芽草的黃色小花看起來就像滋味溫和的小米飯,在日本「女郎花」這個名字,便是從小米飯的別稱「女飯」衍生而來。

兩種同屬的近緣植物,同樣開著成群簇擁的小花,但花色各自不同。屬於「秋天七草」之一的黃花「女郎」,身形纖細,肌膚光滑,喜歡靜靜地佇立在草原上。而綻放白花的「男郎」整株較粗,披著白色細毛;在路邊與原野四處生長的姿態,徹底展現野草魂。它們共同的煩惱是體味,無論花朵本身或用來插花的水,都會散發微妙的氣味。

可以透過地下莖繁衍。

種子沒有翅膀。

花朵中心長著細毛,蘊含豐富的花蜜!

女郎花
黃花龍芽草
Patrinia scabiosifolia

忍冬科敗醬屬

♀ 8～10 月　✳ 多年生草本植物
📏 60～100cm

實際大小

可藉由匍匐
枝繁衍。

種子有翅膀。

毛敗醬白色的小花
看起來像白飯，在
日本白飯的別稱是
「男飯」，因此衍
生出「男郎花」這
個名字。這種植物
在草葉乾燥後
會發出獸類的
腥臭味。

男郎花
毛敗醬
Patrinia villosa

忍冬科敗醬屬

♀ 8～10 月　✳ 多年生草本植物

🌡 60～100cm

實際大小

雖然外觀可愛，
作為切花裝飾時要特別留意！

男郎花似乎比
較可愛！？

花朵也比女郎
花大一些。
雄蕊好像特別
明顯？

毛蕊花柔軟的細毛不僅遍布在葉片，花瓣上與雄蕊也有。這種觸感彷彿天鵝絨般舒適的野生植物源自於歐洲，過去曾經是藥用植物，但是這段歷史已遭到遺忘，現在毛蕊花居住在各大洲的荒地。它是二年生草本植物，發芽後需要兩年的時間儲備能量，一旦它的莖部往上竄，就會開始展現一生僅穿一次的結婚禮服。毛蕊花的雄蕊也有白色細毛，閃耀光芒引誘著昆蟲。毛蕊花以自己的性命為代價，結出大量種子。種子將隱藏在土中，靜靜地沉睡，直到這片土地受到陽光照耀，而且有充裕的空間適合生長。

天鵝絨毛蕊花

毛蕊花

Verbascum thapsus

玄參科毛蕊花屬

♀ 8～9月 ✳ 二年生草本植物

▰ 100～200cm

實際大小

葉片有天鵝絨般的觸感。

最上面的三根雄蕊比較短，而且有很多毛。

底下的兩根雄蕊比較長，而且毛偏少。

透過放大鏡觀察葉片，看起來彷彿有無數個星形。

在果實裡有很多細小的種子！

毛蕊花的種子可以在泥土中冬眠超過一百年。

因為雄蕊有毛，所以這種植物的名字叫作「毛蕊花」。

在毛蕊花的花瓣中，上方的兩瓣比較小，下方的三瓣稍微大一點。花瓣也有天鵝絨般的觸感。

花瓣有四片，
萼片也有四片。

不過雄蕊
有六根！

十字花科在日本叫作「油菜花科」，但是過去日本也曾經同樣稱它們是「十字花科」。這些植物的花瓣與萼片都各有四枚，排列成十字形。葶藶的雄蕊有六根，通常十字花科的植物，在靠近花心的部分會有四根雄蕊，靠近兩端處則有兩根雄蕊，這是十字花科的共同點。當雌蕊孕育出果實後，角果會裂成三片，掉落出許多種子。它跟同屬於十字花科的芥菜很像，小巧但是不會辣，所以日文名字是「犬芥子」。仔細觀察之下，葶藶經常生長在路旁或公園被踏得很密實的地面等處。

犬芥子
葶藶
Rorippa indica

十字花科蔊菜屬
♀ 4～9月 ✽ 多年生草本植物
📏 10～50cm

實際大小

葶藶的種子彷彿就像不辛辣的芥末籽，所以日文意謂著「派不上用場的芥末籽」。

花朵凋謝後，就結出長形角果

成熟的角果會裂成三片！

一粒粒的種子看起來像極了芥末籽。

十字花科的蔬菜在這裡大集合囉！

大家可能常吃十字花科的蔬菜，卻不認得它們的花，所以在這裡我們精心選出五位當家花旦。十字花科在蔬菜中佔有一大派系，這些蔬菜的花，每一種俯瞰都會呈現十字形。

直徑1.5cm

直徑6mm

綠花野菜
青花菜　　　＊別名：西蘭花
Brassica oleracea var. *italica*
十字花科蕓苔屬
♀11～5月 ✳越冬草本植物 ▰50～80cm

青花菜與包心菜其實同種；人們在品種改良的過程中，將青花菜的花蕾改為可食用的部位，最後變成花蕾球。不過青花菜的花跟包心菜的單朵小花還是很像。

和蘭芥子
水芥菜　　　＊別名：水田芥
Nasturtium officinale
十字花科豆瓣菜屬
♀4～7月 ✳多年生草本植物 ▰20～50cm

適合搭配肉類料理，增添風味。水芥菜是原產於歐洲的水生植物，它會從莖節長出根來繁殖，所以在水邊自然生長。當水芥菜長出純白的花束作為點綴時，葉與莖都已經相當粗韌了。

因為莖也是食用部位，整株長大之後看起來相當壯觀。

清爽的香氣正適合搭配肉類料理！

直徑2cm

直徑8mm

直徑3cm

小松菜
小菘菜

Brassica rapa var. *perviridis*

十字花科蕓苔屬

♀3～4月 ❋越冬草本植物 📏30～80cm

小松菜的花跟油菜花看起來好像！這也難怪，在日本暱稱為「菜之花」的油菜花，跟小松菜是同一種底下的不同變種親兄弟。還有蕪菁、白菜、青江菜與野澤菜，也都是同樣的變種兄弟關係。

山葵
山葵

Eutrema japonicum

十字花科山葵屬

♀3～5月 ❋多年生草本植物 📏20～40cm

山葵是日本自古以來使用的香辛料，除了根莖以外，花莖與葉柄也可以食用。在山間的淺溪旁可以看見野生山葵。白色的小花彷彿不想佔太多空間，俯瞰時呈現「X」型的修長形狀。

黃花蘿蔔
芝麻菜

＊別名：火箭菜

Eruca vesicaria subsp. *sativa*

十字花科芝麻菜屬

♀3～7月 ❋越冬草本植物 📏30～60cm

原產於地中海附近的蔬菜，帶有芝麻般的香氣、輕微辛辣與淡淡的苦味。古羅馬人或許也曾經把芝麻菜當成食材吧。花瓣上的紋路令人聯想到羅馬式服裝優雅的皺褶。

菜葉彷彿環繞著莖節生長。

長著葉與花的莖，是從可以磨成「哇沙米」的部分伸展出來的。

市面上販售的是水耕蔬菜。如果種在土裡，葉片會長得更大！

花心綠色毛茸茸
的部位，是由許
多雌蕊構成

為了產生更多種子
而增生許多雌蕊

生長在綠意盎然
的公園或雜木林
的路旁。

有很多雄蕊！

大根草

日本水楊梅

Geum japonicum

薔薇科日本水楊梅屬

♀ 6～8月 ✳ 多年生草本植物

📏 40～80cm

實際大小

從基部長出的葉片，形狀跟白蘿蔔的葉子有點相似。

在一朵花裡，雌蕊未必只有一枚。在日本水楊梅的花心有著綠色毛茸茸的部位，每一根都是雌蕊，也就是說，花心由許多雌蕊聚集而成，包圍著雌蕊的是眾多雄蕊。五片花瓣端麗地襯托著花心，在更下方有堅韌的萼片牢牢地支撐著整朵花。當花粉授精完成後，雌蕊會伸展得更長。雌蕊最前端的柱頭在開花時呈S型，中間有凹陷的地方。當果實成熟變成褐色，稍早最前端的部分會從凹陷處脫落，變成有勾針的小刺球。

雌蕊的先端，會變身為精巧的勾針

勾針前端的部分相當於保護囊。

萼片就像幕後支柱，默默地支撐著整朵花。

當果實成熟後，小小的保護囊就會脫落，展現刺球般的樣貌。

草合歡
合萌
Aeschynomene indica

豆科合萌屬

♀ 7～10月 ✴ 一年生草本植物

📏 50～100cm

實際大小

豆科植物的花朵在綻放時，會將最重要的部分包藏在裡面。你看到了嗎？在合萌層層包裹的花瓣深處，稍微可以瞥見黃色的花粉。而最重要的雌蕊位於花的底部，徹底受到獨木舟形的花瓣包覆。只有腿力夠強的蜜蜂才能把合萌的花瓣撥開來。這種花只款待會重覆回訪的蜜蜂，因為它們值得招待，就像是會員制的餐廳。合萌是長在水田或水邊的野草，當豆莢成熟後，包括裡面的種子在內會整條斷成一節節，浮在水面上漂流到其他地方。

豆莢還會斷裂成一節一節！？

當花朵凋謝後，豆莢會陸續長出

葉子看起來跟合歡樹很像，到了晚上會闔閉起來休息。

彷彿像桃子般漂亮的黃色色澤！

隨著豆莢分散的種子，會漂流到各個地方

在花心深處，可以瞥見黃色的花粉！

合萌是種令稻作農家煩惱的野草，在收成時，米粒大的黑色種子很容易混入糙米中，影響米的品質。

弟切草

小連翹

Hypericum erectum

金絲桃科金絲桃屬

♀ 7～9月 ✽ 多年生草本植物

▥ 30～60cm

實際大小

花瓣與萼片
上分布著許
多黑色斑紋
與黑點

到了傍晚就凋謝,花
朵的壽命只有一天。

外觀雖然美麗，背後卻隱藏著悲傷的傳說

在日本的民間故事裡，曾經有位弟弟洩露了家族秘方，因而遭到哥哥砍殺；小連翹在日本稱為「弟切草」，傳說中花瓣與葉片上的的黑漬，就是弟弟四濺的血跡……其實那是因為小連翹這種植物蘊含了大量金絲桃素，金絲桃素對紫外線會產生光敏作用。彷彿在報復吃掉自己葉子的動物似的，把小連翹吞下肚後將會引發皮膚炎。小連翹的本性是如此心機深重，開花後對於雄蕊的安排，似乎也比其他植物更考慮周詳。小連翹的雄蕊分成三束，而雌蕊正是從三束雄蕊的縫隙間伸展而出。這應該是為了避免讓雌蕊直接碰觸到自己的花粉吧。

雌蕊有三根，各自朝不同的方向，先端是紅色

雄蕊分成三束

果實成熟後變紅，裂開來會灑落種子。

葉片上也有黑點。

上方的花瓣帶
有褐色的斑紋

日本黃菫的花朵跟同屬的刻葉紫菫構造相同，上方的花瓣是花蜜的儲藏庫，下面的花瓣是落腳處，中間由左右花瓣緊密閉合，形成操縱桿。如果將操縱桿往下壓，花蜜會溢出，雄蕊與雌蕊也將同時露出。彷彿操縱桿的這個部位會吸收紫外線，在蜜蜂眼中看到的是截然不同的顏色。刻葉紫菫的果莢會迸裂，種子隨即彈出來，但是日本黃菫的果莢不會迸開來。從果莢散落的種子附帶美麗的翅膀，彷彿精緻的玻璃工藝；這同時也將成為引來螞蟻的甜蜜誘餌。

日本黃菫生長在海邊、市區的空地或路旁。花與葉都很賞心悅目，可惜整株植物散發著不好聞的異味，算是美中不足的缺點。

黃華鬘
日本黃菫
Corydalis heterocarpa var. *japonica*

罌粟科紫菫屬

♀ 4～5月 ✳ 多年生草本植物

▯ 40～60cm

實際大小

由於種子不會飛，所以自己附帶誘餌，吸引螞蟻幫忙搬運

因為果莢不會彈開來……

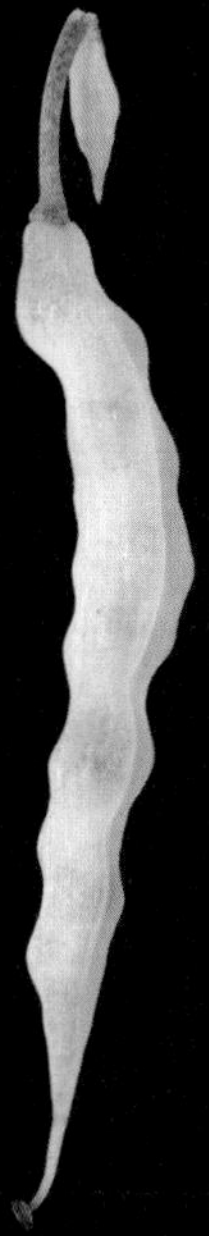

親愛的螞蟻，拜託請幫忙搬一下好嗎？

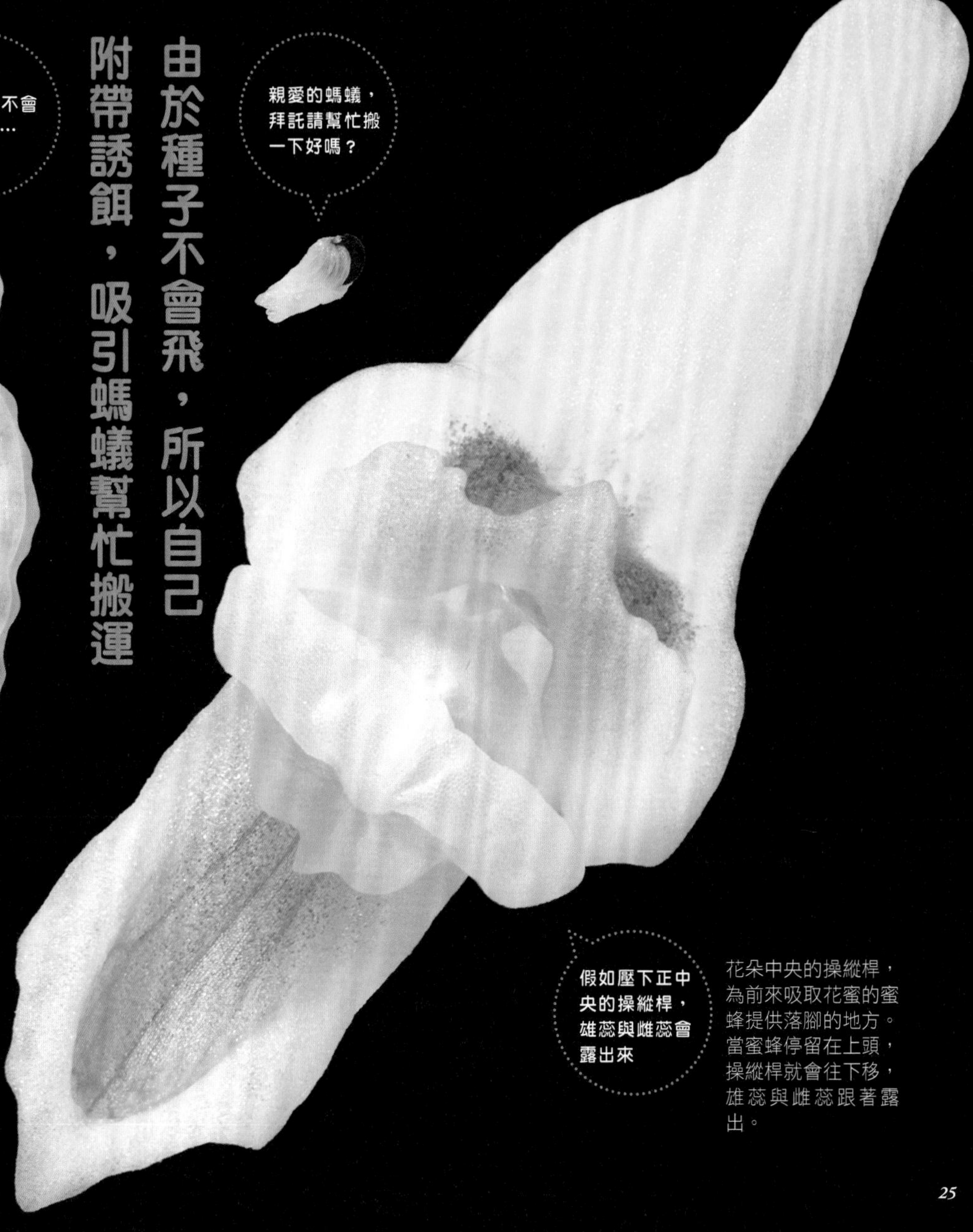

假如壓下正中央的操縱桿，雄蕊與雌蕊會露出來

花朵中央的操縱桿，為前來吸取花蜜的蜜蜂提供落腳的地方。當蜜蜂停留在上頭，操縱桿就會往下移，雄蕊與雌蕊跟著露出。

25

屬於罌粟科，
花瓣是色彩
鮮明的豔黃色

白屈菜的花朵裡沒
有花蜜。但是準備
了相當豐富的花
粉，用來招待昆蟲

它的花瓣會吸收
紫外線，但是相
反地，雄蕊會反
射紫外線，所以
從昆蟲的角度來
看，只有雄蕊會
特別明亮醒目。

草の王・瘡の王

白屈菜

Chelidonium majus subsp. *asiaticum*

罌粟科白屈菜屬

♀ 4～10月 ❉ 越冬草本植物

📏 30～80cm

實際大小

白屈菜的花在鄉間附近、低矮山林的路旁綻放，外觀小巧而纖細，是罌粟科植物的一員。在鮮豔的花瓣底下，這種草蘊含著有毒的乳汁。白屈菜的莖由稱為「乳汁管」的網狀組織構成，當整株草有某處受到損傷，就會分泌天然橡膠與有毒的乳汁封閉傷口、對付帶來創傷的外敵。白屈菜不僅知道要抵抗，也懂得必須跟其他生物合作。為了獲得螞蟻的協助，它會為種子附帶塊狀的果凍。白屈菜往往生長在縫隙間，那是因為經過螞蟻搬運後，吃剩的種子被留在那裡。

萼與莖都
毛茸茸的

細長的豆莢看起來像蝴蝶幼蟲！種子在裡面排列得很整齊

白屈菜種子附帶著白色凍狀物。這是螞蟻愛吃的食物，所以螞蟻會為了果凍幫忙搬運種子，而種子本身將被丟棄。

1、2、3……來數數看吧！

鴨跖草的近親

單子葉植物，葉片有平行的葉脈。
花瓣是三的倍數，但是也有些花像鴨跖
草一樣，其中兩片花瓣特別大。

鳶尾的近親

單子葉植物，花瓣是三的倍數。萼片很
發達，跟花瓣同色同形，其中有些跟花
菖蒲一樣，萼片比較大。

▲紫葉水竹草
花朵與鴨跖草類似。

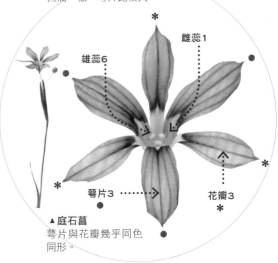

▲庭石菖
萼片與花瓣幾乎同色
同形。

　　花朵基本的構造主要分為萼
片、花瓣、雄蕊、雌蕊。花是由這四
個部分從下方（外側）依序層疊組
成。除了少數例外，花朵各部位的數
量有一定規則。單子葉植物的花基本
上是三的倍數。

　　雙子葉植物的花則大部分是四或
五的倍數。

　　單子葉植物的花，譬如像紫葉水

竹草，基本上萼片與花瓣各三，雄蕊
六，雌蕊一。像庭石菖或阿里山燈心
草（p.150）、百合花等看似有六枚
花瓣，其實外側的三片是萼片，內側
的三枚才是真正的花瓣。在單子葉植
物中，有很多花像這樣萼片與花瓣
沒有區別，這種情形通稱為「花被
片」。

油菜花的近親

雙子葉植物，發芽後長成的葉子有各種樣貌。花瓣是四的倍數，萼片在底下支撐著花瓣，成為名符其實的幕後支柱。

薔薇的近親

雙子葉植物，花瓣是五的倍數（地榆例外，它是四的倍數）。可分成一朵花只有一根雌蕊與多根雌蕊。

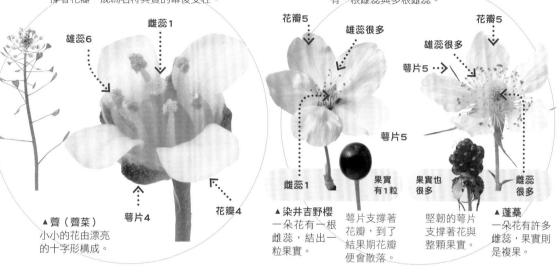

雄蕊6
雌蕊1
▲薺（薺菜）
小小的花由漂亮的十字形構成。
萼片4
花瓣4

花瓣5
雄蕊很多
雌蕊1
▲染井吉野櫻
一朵花有一根雌蕊，結出一粒果實。
果實有1粒
萼片支撐著花瓣，到了結果期花瓣便會散落。

花瓣5
雄蕊很多
萼片5
果實也很多
堅韌的萼片支撐著花與整顆果實。
▲蓬蘽
一朵花有許多雌蕊，果實則是複果。
雌蕊很多

　　雙子葉植物的花瓣，基本上是四或五的倍數。四的倍數的代表是十字花科，萼片與花瓣都是四枚，但是不知為何雄蕊是六枚。其他花瓣是四的倍數的花有柳葉菜科（八根雌蕊）、木樨科（兩根雌蕊）等。

　　不論大人或小孩，在描繪「花朵」時往往會畫出五片花瓣，雙子葉植物的主流果然還是五的倍數。雖然有些花像繖形科（五根雌蕊）或石竹科（十根雌蕊）以五的倍數聚集在一起，但是也有很多花跟薔薇科或金絲桃科一樣，以雄蕊佔多數。雌蕊的數目也會有所變動，同樣屬於薔薇科，像草莓就有很多雌蕊。

　　順帶一提，用來占卜「喜歡或討厭」的菊科植物花朵，花瓣是五的倍數，所以最後的答案一定是「喜歡」。

01 透過指尖可以察覺到的細節

essay

　　菽草與紅菽草以「三葉草」的通稱為人熟知。這兩種首蓿的葉子都是三片一組，葉面有著白色的紋路，看起來很像，要是旁邊沒有花，光看葉子幾乎分辨不出來。不過，如果以指尖輕輕地觸摸就知道了。葉面光滑的就是菽草，要是葉片有些柔軟蓬鬆，那就是紅菽草。

　　如果靠近觀察，就知道是怎麼回事，紅菽草的葉與莖上有很多約一公釐長的白色柔軟細毛，形成柔軟的效果。

　　人們對於細微的事物很容易「視而不見」，想想真是有趣。眼睛看得見卻沒有注意到的東西，可以藉由指尖觸摸後「察覺」到。令人不禁感到有些莫名興奮。

　　我們可以試著撫摸各種葉片。鼠麴草的葉子就像兔子的耳朵一樣柔軟，又細又長的毛，在葉片的表面上像絨毯一樣覆蓋著。原本是海岸植物的天蓬草舅，正如日本名稱「貓舌」，葉面有點粗糙。上面布滿又硬又短的細毛，那是為了抖落海風吹來的砂礫。

　　我個人最喜歡的是杜若的葉子。順著葉尖的方向摸明明很滑順，但反向時，指尖的觸感卻會卡卡的。這是因為肉眼雖然看不太出來，但是葉面分布著斜著長的硬毛。假如野地裡有小精靈，他們應該會拿杜若的葉子當作滑雪板底部的止滑帶，在山裡滑雪嬉戲。我由衷享受這類想像所帶來的樂趣。

（補充：大家也可以試著摸摸看狗尾草的葉子！）

白色的花朵

蜂斗菜的雄株
很華麗！

當雌株與雄株都開花了，
那就是春天來臨的時刻！

人工栽培的蜂斗菜全
都是雌株，所以市面
上包裝販售的大部分
也是雌花花蕾。雌株
會孕育果實，而雄株
完成開花任務之後就
凋謝了。

雄花的前端沾
滿黃色的花粉

雄株

在殘雪溶解的鄉間道路旁，蜂斗菜的花櫛比鱗次地綻放了。隨手摘下，花蕾散發著春季的芬芳。作為蔬菜栽培的蜂斗菜花蕾可以食用，不管拿來炸天婦羅或是炒味噌，滋味都相當美妙。蜂斗菜有雌株與雄株，花蕾也有雌雄之分。遠看彷彿白線的細長小花是雌花，盛著滿滿黃色花粉的星狀小花是雄花。如果我們仔細瞧瞧，在小小的雌花之間也有星狀的花，不過那既不是雌花也不是雄花，而是專門用來吸引昆蟲的花。雌花本身沒有食物可供招待，所以由雌花包圍著的星狀花朵分泌甘甜的花蜜，吸引昆蟲來作客。

當花期結束後，葉子就冒出來了！

蜂斗菜的雌花帶給人清純的印象。

蕗

蜂斗菜

Petasites japonicus

菊科款冬屬

♀ 3～5月 ✳ 多年生草本植物

🖌 雄株 10～25cm　雌株 10～45cm

雌株

實際大小

右邊是雌花，左邊是吸引訪客的花

有少數專門負責吸引客人的花混在纖細的雌花之間。這種星狀花既沒有花粉，也不會孕育果實。

竟然黏黏的！？
可愛花束的底部

雄花沒有黏黏
的部分！

雄花不會結出果實。
雌花會結出帶有黏
性、附著在人或動物
毛髮、衣物上的「黏
人蟲」果實。

雌花的底部有
黏黏的毛！

只有雌花留下
來，最後結出
果實！

果實成熟後會變黑，
附著在人或動物的毛
髮、衣服上，跟著移
動到其他地方。

葉片的形狀跟
蜂斗菜很像。

野蕗
腺梗菜
Adenocaulon himalaicum

菊科腺梗菜屬
♀ 8～10月　✽ 多年生草本植物
🗒 50～80cm

實際大小

如果我們仔細看腺梗菜高高舉起的
白色花束，花束中間聚集著燦爛的
星星，外側有眾多細長的棒狀物，
而且竟然黏黏的！？原來長在內側
帶有大量花粉的是雄花，外圍會結
出黏黏的果實是雌花。當花朵凋謝
時，內側的雄花會枯萎掉落，只剩
下外側雌花伸長的棒狀物，結出就
像日本傳說中「鬼之狼牙棒」形狀
的果實。腺梗菜生長在公園或雜木
林的路旁，藉著人或動物不聲不響
地搭便車運送果實。

聚集在中央
綻放的可愛
花束，是由
雄花構成。

環繞在花束之外
的是雌花。

花序由白色的舌狀花與管狀花聚集而成，
這種野草可是
精心打扮過呢

外側是舌狀
花，內側由
管狀花團團
聚集而成

菊科的花由兩種不同型態的小花構成，包括俯瞰呈星形的管狀花、以及由單片花瓣伸展而成的舌狀花。鱧腸的這兩種花都會結果，不過只有管狀花會產生花粉。外側的舌狀花雖然沒有花粉，仍然有生產種子、向昆蟲宣傳、提供落腳處的作用。位於中央的管狀花則省下生長花瓣的力氣，努力生產種子。鱧腸生長在水田與潮濕的地面，近年來從美國移入的鱧腸取代了日本原生種（高三郎），開始在都市裡繁殖衍生。

雌蕊的前端有分岔，略帶彎曲♪

管狀花最明顯的部分就是黃色的花粉。

舌狀花的整朵花都是純白色，非常漂亮！

結出果實後是這個模樣。

亞米利加高三郎

鱧腸

Eclipta alba

菊科鱧腸屬

♀ 9～10月 ✳ 一年生草本植物

🔲 20～70cm

實際大小

果實上沒有毛。日本原生種的鱧腸在果實兩側附有翅膀，看起來更寬。

小小的花聚集成球狀，彷彿煙火升空後的模樣！

在盛夏正炎熱的時候，水芹菜的花看起來就像涼爽的蕾絲，點綴在草叢中等待著昆蟲來訪。水芹菜是「春天七草」之一，生長在水田或濕地的原野，既然水芹菜是蔬菜的一種，有些當然是人工栽培，但是恐怕很少人看過水芹菜的花。在繖形花序的外側，伸展出彷彿對折彎曲的花瓣，以及略帶弧度的雄蕊，花梗上的花苞將陸續綻放，很快地花蜜就會滿溢到滴落。等到順利引誘昆蟲幫忙運送花粉後，雄蕊將會散落，這時可看到兩根形狀稍微有點方的雌蕊伸出。水芹菜為了避免自花授粉，同一朵花的雄蕊與雌蕊會稍微錯開成熟時間。

聚集成球狀的小花，從外側開始向內依序綻放。

這裡伸出兩根略帶方角的雌蕊！

芹
水芹菜
Oenanthe javanica

繖形科水芹菜屬

♀ 7～8月　✳ 多年生草本植物

📏 20～50cm

實際大小

38

藉由富有光澤
的花蜜
引誘昆蟲

水芹菜白色的花瓣伸展開來，
花蜜豐盈到可以
滴淌下來的程度

有各種各樣的昆蟲
會來造訪水芹菜的
花，像是蒼蠅、蜜
蜂、金花蟲等。藉
由讓許多小花聚集
在一起，構成任何
昆蟲都能輕易登陸
的直升機坪。

紫蘇的花穗在
日文稱為「穗
紫蘇」，可以
作為香辛料使
用。

每朵小花裡各有
四粒氣味芳香的種子

紫蘇的花有
分上下，毛
最多的那一
側是下方

花裡雖然有雌蕊，
卻隱藏在上方。

這種作物在日本農業領域稱為「綯綢紫蘇」。日
文裡俗稱為「大葉」，在市面上販售的就是它的
葉子。順帶一提，紅紫蘇開的花是粉紅色。

仔細觀察果實的內容物，裡面有四顆圓滾滾的細粒

由於果實分為四顆各自成熟，以植物學的角度來看它們不是種子，而是四個果實。

花瓣分成五枚，但是卻彼此相連

紫蘇
紫蘇

Perilla frutescens var. *crispa*

脣形科紫蘇屬

♀ 8～10月　✸ 一年生草本植物

📏 70～80cm

實際大小

紫蘇是大家所熟悉的和風辛香料，各位或許會感到不解，為什麼把它歸類在野草？其實有別於「青紫蘇」（大葉）或「紅紫蘇」，另外還有生長在空地的雜交種「野生紫蘇」。野生紫蘇只有葉背是紅色的，跟荏胡麻（屬於紫蘇的另一變種，所以能跟紫蘇衍生後代）血緣相近，種類就跟野貓一樣繁多，不過每一種紫蘇都可以食用。以紫蘇花的構造來看，不論是栽培或野生品種都相同，花朵左右對稱，底部長出細密的毛，為了趁蜜蜂潛入時讓牠沾上花粉，雄蕊在花朵上下四個角落守候著。

迷迭香（萬年朗）
迷迭香
Salvia rosmarinus

脣形科鼠尾草屬

♀ 10～5月 ✳多年生草本植物 📏30～100cm

迷迭香是葉子又細又硬的常綠香草植物，在日本的俗名寫作「萬年朗」。迷迭香花朵的雄蕊只有兩枚，在花的中央合而為一。花朵形狀立體而且別具特色，從正面看令人聯想到撲克牌上的女王。

實際大小

蜜蜂等昆蟲會鑽進花瓣縫隙，背後沾滿花粉。

全 都 聞 起 來 很 香！

脣形科的香草植物大集合！

在這兩頁聚集了脣形科的各種香草。脣形科植物的花瓣上下分開，有點像嘴唇的形狀，在略呈方形的莖上葉片對生，如果把葉子撕開會聞到香味。

目箒
羅勒
Ocimum basilicum

脣形科羅勒屬

♀ 7～10月 ✳一年生草本植物 📏30～80cm

這是義大利料理常見的香草。許多脣形科的花構造是上唇兩枚、下唇三枚，而羅勒卻是上唇四枚、下唇一枚，可算是個特例。從花的側面來看，形狀就像吐出舌頭的蛇，羅勒（basil）名字的由來也跟希臘、歐洲傳說中的巨蛇「巴西利斯克」（basilisk）有關。

實際大小

雄蕊與雌蕊集中在花朵的底側。

胡椒薄荷·西洋薄荷
胡椒薄荷
Mentha × piperita

唇形科薄荷屬

♀ 7～9月 ✽ 多年生草本植物 ▨ 30～50cm

帶有清爽的薄荷香氣。在成員別具特色的唇形科植物中，胡椒薄荷的花朵形狀相對簡單，也很方便吸取花蜜，所以有各種各樣的蜜蜂與花虻會前來造訪。胡椒薄荷的花就像是接待廣泛客層的大眾食堂。

實際大小

長長地伸展出的雌蕊，雄蕊隱藏在花之中。

當花穗受到光線照耀，蘊含香氣的粒狀細毛會閃耀光彩。

薰衣草
狹葉薰衣草
Lavandula angustifolia

實際大小

唇形科薰衣草屬

♀ 5～7月 ✽ 多年生草本植物 ▨ 30～80cm

帶有濃郁的香氣，在開花前把花苞採集下來，可以用來製作香氛乾燥花、香水。薰衣草的花是細筒狀，當蜜蜂或蝴蝶吸取花蜜時，隱藏在筒內深處的雄蕊與雌蕊會接觸到昆蟲的口器，讓花粉有機會傳播出去。

立麝香草
百里香
Thymus vulgaris

實際大小

唇形科百里香屬

♀ 4～6月 ✽ 多年生草本植物 ▨ 5～30cm

百里香是經常用於烹調肉類料理的香草植物。可愛的小花令人聯想到點綴著摺邊的連身裙，從花的底側有兩枚雄蕊長長地伸出，無聲無息地碰觸著前來探訪的昆蟲。雄蕊花葯的形狀也很可愛。

百里香的花朵成串地彎曲排列著。

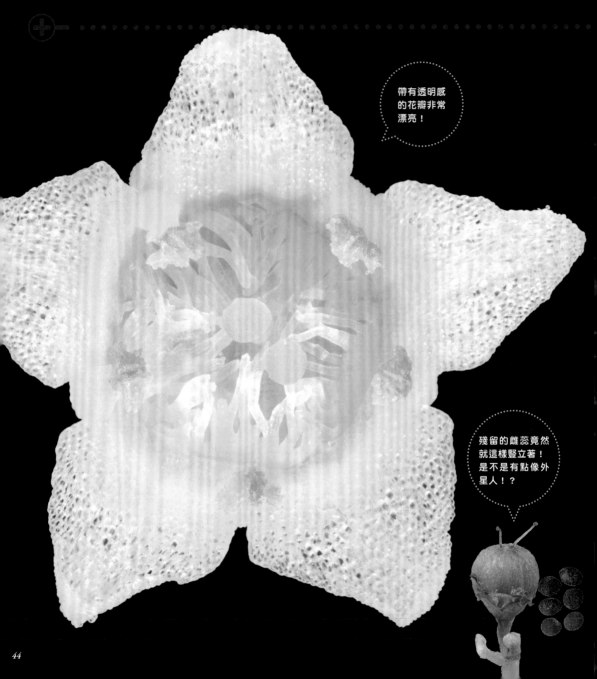

說到「無根的草」，就會令人聯想到電影《男人真命苦》中四處漂泊的寅次郎，不過菟絲子的動作可沒有那麼慢條斯理。當種子冒出芽之後，它立刻就會伸出藤蔓攀附到一旁的植物上、插入寄生根，吸取對方的養分藉以生存。由於它一輩子都不需要長根，因此在日文裡菟絲子叫作「根無葛」。雖然菟絲子明明是植物界裡的吸血鬼，不過仔細看它的小花，還真是美得令人讚嘆。其實菟絲子是牽牛花的親戚，說到這一點又再度令人訝異不已。

儘管菟絲子的花朵很纖細，當它採取行動時卻相當大膽，它會纏繞在其他植物上，吸取養分！

原生於美國的外來種。

菟絲子不管遇到誰，都會攀附上去，吸取對方的水分與養分。由於本身缺乏葉綠素，所以都是藉著壓榨其他植物滿足自己。

亞米利加根無葛
平原菟絲子
Cuscuta campestris

旋花科菟絲子屬

♀ 7～10月 ✲ 寄生性一年生草本植物
🗒 攀緣植物

纏繞在其他植物上，捲啊捲……繞著一圈又一圈……

龍葵是茄子的親戚，
惹人憐愛的程度堪稱第一，
星形的小花
既小巧又可愛

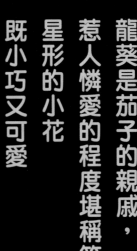

犬酸漿

龍葵

Solanum nigrum

茄科茄屬

⚥ 8～12月 ✳ 一年生草本植物
📏 30～60cm

實際大小

別名：黑珠仔菜

這種野草簡直就像是日本圓茄的縮小版。日文名稱「犬酸漿」中的「犬」字，以現在的説法就是「遺憾」的意思，渾圓的果實令人猜測內容物是否跟酸漿一樣，不過它的萼片並不會變成袋狀。如果有昆蟲期待龍葵的小花裡蘊含著花粉，恐怕將會大失所望。雖然龍葵的雄蕊把自己塗成黃色，彷彿布滿美味的花粉，但那不過是虛張聲勢，最重要的花粉只在雄蕊頂端的小洞裡藏著一點點。包含日本在內，龍葵從熱帶傳到溫帶各國後成為歸化植物，遍布各地。

整株龍葵都含有名叫龍葵鹼的生物鹼，是一種有毒植物。

黑色的漿果表皮帶有霧面光澤！

果實成熟後轉為黑色，藉著讓鳥類啄食散布種子。

跟龍葵同屬的「光果龍葵」花瓣比較細，而且泛著紫色。

龍葵的小花看起來跟茄子花有點像！

光果龍葵的花瓣幾乎都朝下

在花瓣中央有一對黃綠色的蜜腺

獐牙菜藉由黃綠色的圓點圖案，引誘著昆蟲

當雄蕊的花粉都送出去之後，雌蕊的前端會打開。

曙草
獐牙菜
Swertia bimaculata

龍膽科當藥屬

♀ 9～10月 ✳ 二年生草本植物

▯ 60～90cm

實際大小

有分枝，會開出許多小花

花瓣微微捲起，俯瞰花苞呈螺旋狀

日本當藥（日文名：千振）是獐牙菜的親戚，但花瓣上好像沒有圓點……？

這是日本當藥的花，它們是同屬的植物。蜜腺的圓點圖案只隱藏在靠近花瓣基部的部分。

獐牙菜的花瓣上有黃綠色與紫色的斑點，令人聯想到黎明之際的星空，所以它的日文名字是「曙草」。黃綠色的斑點位於花瓣中央，以花朵來說蜜腺位置相當特殊，甘甜的花蜜會吸引螞蟻與蒼蠅。獐牙菜生長在山上潮濕的草地或路旁，屬於二年生草本植物，莖上有分枝，會開許多小花。所謂的二年生草本植物，就是指在兩年時間內成熟、開花結果，最後枯萎。這類植物就像鮭魚一樣，將全部的精力傾注在一生一次的繁殖，將命運託付給大量的種子。

倒地鈴的果實非常可愛，就像迷你的紙氣球。綴有白色心型圖樣的黑色種子圓滾滾的，也很討喜。小小的花細看之下相當惹人憐愛，在四片萼片與四枚花瓣層層包覆的花朵中央，綴有黃邊的副花冠（附屬的花瓣）正對著我們拋出飛吻。倒地鈴的花分為包含無數雌蕊的雌花跟雌蕊不太明顯的雄花，其中雄花稍微大一點，數量也比雌花多，所以比較常見。雖然倒地鈴作為盆栽或綠色簾幕，相當受到喜愛，但是在全世界的熱帶、溫帶地區，倒地鈴遍布的面積廣大，已經成為令人頭痛的野生植物。

這是倒地鈴的雌花，在花心分布著非常多的雌蕊！

倒地鈴的雌花有很綿密的雌蕊，以及象徵性的幾根雄蕊，萼片是綠色的。雌花乍看之下有點像花苞。

風船葛

倒地鈴

Cardiospermum halicacabum

無患子科倒地鈴屬

♀ 7～10月 ＊ 一年生草本植物
攀緣植物

實際大小

伸出會纏繞物體的鬚

果實內部是中空的，就像氣球一樣！

這是雄花，上下萼片都是白色的，看起來相當華麗！

種子表面白色心型的部分，是「臍帶」留下的痕跡

花與種子都可愛極了，
這種野草彷彿洋溢著少女心

雖然雄花不會結果，不過花開得比雌花大，有兩片白色的萼片伸展開來，相當醒目。

未來會長成果實的部分豎起透明的細毛,晶瑩剔透!

在逆光的角度下,看起來就像透亮的水珠。

南方露珠草不論是花瓣、萼片或雄蕊,全部都兩兩成對

水玉草
南方露珠草
Circaea mollis

柳葉菜科露珠草屬

♀ 8～9月 ✳ 多年生草本植物

📏 20～60cm

不論是花瓣、萼片或雄蕊，全部都兩兩成對

如果仔細觀察，雌蕊的前端也分別朝向兩側！

南方露珠草生長在林間的道路旁，雖然乍看之下不起眼，但是在珠狀的微小果實上長著細密的白毛，看起來就像晶瑩的水珠，所以有這麼美的名字。它的花朵雖然微小而且同樣不顯眼，不過仔細看，南方露珠草小花的構造自成一格，不論萼片、花瓣或是雄蕊，都是兩兩成對。在萼片底下已經結出未成熟的果實，彷彿像玻璃工藝般前端彎曲的細毛很漂亮。到了深秋時刻，果實成熟轉為褐色，外表以堅硬的勾針武裝起來，蛻變為「黏人蟲」，它將附著在人或動物的毛髮、衣物上，隨身移動展開旅程。

果實的直徑只有3mm！

金蕎麥原產於喜馬拉雅山，全株高度可達一公尺。過去在日本曾經作為藥用植物栽培，現在卻生長在路邊或原野，已經成為野生植物。金蕎麥的花看起來跟蕎麥花很像，白色的花瓣間點綴著有紅色花藥的雄蕊、黃色的蜜腺。如果仔細觀察，會發現金蕎麥的花有些雄蕊長、雌蕊短，有些卻正好相反。這是為了盡量跟比較遠的對象交配，透過遺傳的巧妙安排，就像蕎麥花同樣也有分雌雄二種。金蕎麥的種子跟蕎麥也很像，但是成熟後種子很快就會落地，所以數量不多，並不適合作為糧食。

金蕎麥是從植物園裡逃出來的藥用植物

這是「雌蕊短、雄蕊長」的金蕎麥花

花蜜相當充裕！

赤地利蕎麥
金蕎麥
Fagopyrum dibotrys

蓼科蕎麥屬

♀ 9～11月 ✳ 多年生草本植物

📏 50～120cm

嚇大小　嚇大小

別名：
宿根蕎麥、野菜蕎麥

金蕎麥柔軟的莖與葉可以食用。

結出的三角形種子跟蕎麥籽很像

這是「雌蕊長、雄蕊短」，另一種版本的金蕎麥花

如同施放煙火般
伸展開來的眾多雄蕊

竹似草

博落迴

Macleaya cordata

罌粟科博落迴屬

♀ 7～8月　✳ 多年生草本植物

📏 100～200cm

別名：占婆菊

實際大小

葉片的長度達三十公分，葉背的顏色很淺，撕開後會流出乳黃色的汁液。

這是花苞

花朵從底下開始綻放

這是花朵凋謝後，剛結出的果實

在光天化日之下，只要靠近在空地伸展得很高的野草花朵，就能看到點燃的線香花火，彷彿還可以聽見微弱的嘶嘶聲。這種白皙的野草帶有一些異國情調，如果把莖或葉子折裂，會流出乳黃色的有毒汁液。博落迴的花在夏季綻放，透著淺紅色的萼片一開花後隨即掉落，棒狀的雄蕊同時也一起展開來，彷彿在為花朵壯大聲勢。聰明的熊蜂停留在這種花時，會振動翅膀發出與雄蕊共振的高頻率音波，趁機蒐集散落的花粉。

果實最前端的絨球，是雌蕊柱頭留下的痕跡。果實大約會長到三公分左右，裡面藏有引誘螞蟻的種子。

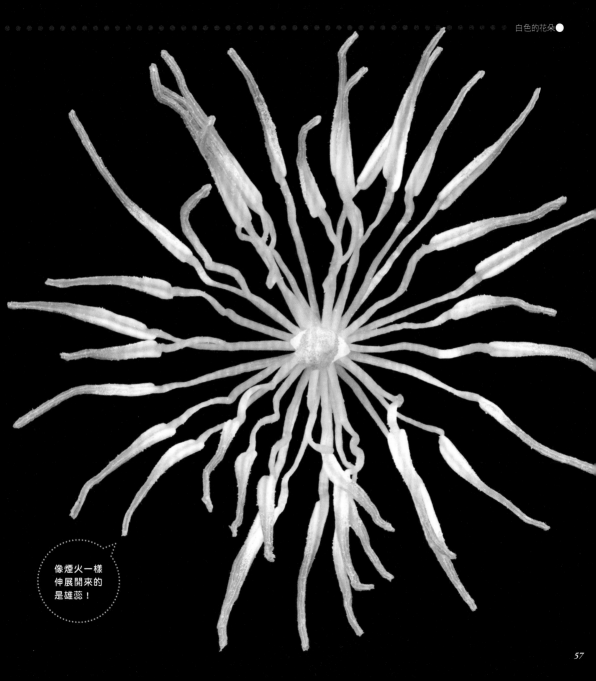

像煙火一樣
伸展開來的
是雄蕊！

雄蕊比萼片短

花朵中央有數根雌蕊

白色十字型的部分是萼片

華麗的雄蕊與柔軟的絨毛，跟果實有相同的特徵

雌蕊的前端伸長，看起來就像神仙的鬍鬚！

仙人草
圓錐鐵線蓮
Clematis terniflora

毛茛科鐵線蓮屬
♀ 8〜9月 ✳ 亞灌木
攀緣植物

實際大小

通常花朵會依照萼片、花瓣、雄蕊、雌蕊的順序排列，不過像圓錐鐵線蓮這類毛茛科植物並沒有花瓣，只有萼片、雄蕊、雌蕊，萼片代替了花瓣的功能。從花朵轉變為果實時，則輪到雌蕊變身。它的前端伸長，不僅形成漩渦狀，而且還點綴著羽毛，這都是為了幫助種子展開旅程。這種白色絨毛看起來就像神仙的鬍鬚，由種子的一部分轉變而成的毛，稱為「種髮」。

同屬的「女萎」葉緣呈鋸齒狀。

女萎的雄蕊與萼片幾乎一樣長

白色的萼片
在林間伸展開來，
惹人憐愛地綻放著

二輪草
鵝掌草
Anemone flaccida

毛茛科銀蓮花屬

♀ 4～5月　✱ 多年生草本植物

▯ 15～25cm

實際大小

鵝掌草的花經
常兩兩成對地
綻放，所以在
日文中稱為
「二輪草」。

鵝掌草彷彿春天的精靈，綻放著惹
人憐愛的小花，只有在春季的二到
三個月之間會看到花朵的蹤影。在
早春明亮的樹林間，鵝掌草迅速地
發芽、開花結果，到了仲春時葉子
枯萎，接下來以地下莖的型態沉睡
到翌年。鵝掌草的花沒有花蜜，只
有花粉可以招待昆蟲。不過提供花
粉只為了讓蟲類食用也很浪費，所
以細看之下，藉由將小花的雌蕊染
成花粉般的黃色，引誘昆蟲前來。

萼片的背面透
著淡粉紅色

少數鵝掌草的花有
六至七枚萼片，顯
得特別華麗。

鵝掌草的花的
雄蕊是白色，
雌蕊是黃色！

這種花雄蕊與雌蕊
的配色，跟一般的
花正好相反。看起
來像花瓣的部分其
實是萼片。

這朵是雄花，它的雌蕊比較短

帶有透明感的白色花瓣看起來很美吧？在杜若的六片花瓣中，有三片比較短而圓的其實是萼片，比較長的三片才是真正的花瓣。杜若的花由不伸長雌蕊的雄花，以及會結果的兩性花交雜而成。如果要解釋原因，那就是結果實需要能量，如果全部的花都要培育出果實，將會耗盡所有體力。所以一方面為了節省力氣，另一方面作為點綴，穿插著一些雄花，如果運氣好的話，還可以透過別株杜若留下後代。雖然杜若的日文名字有「茗荷」兩字，但是只有葉子跟茗荷有點像，它是鴨跖草科的植物。

頂端呈圓形的是萼片，右側比較長的是花瓣。整朵花彷彿織細的拉糖工藝品。

藪茗荷
杜若
Pollia japonica

鴨跖草科杜若屬
♀ 8～9月 ✳ 多年生草本植物
📏 50～100cm

實際大小

杜若伸展出長約一公尺的莖，開著白色的纖細小花，彷彿就像拉糖工藝品

這朵是兩性花，雌蕊比較長，基部也比較粗

到了秋天，杜若會結出藍紫色的果實，具有如陶器般的光澤。

淡紫色的花瓣
非常漂亮！

「蒜」這個字在日
文古語中也指蔥，
山蒜散發著類似蔥
的氣味。

位於花序中央
的是珠芽

野蒜

山蒜

Allium macrostemon

石蒜科蔥屬

♀ 5～6月 ✳ 多年生草本植物

📏 50～80cm

實際大小

這兩種植物都帶有獨特的氣味，綻放著清純美麗的花朵，

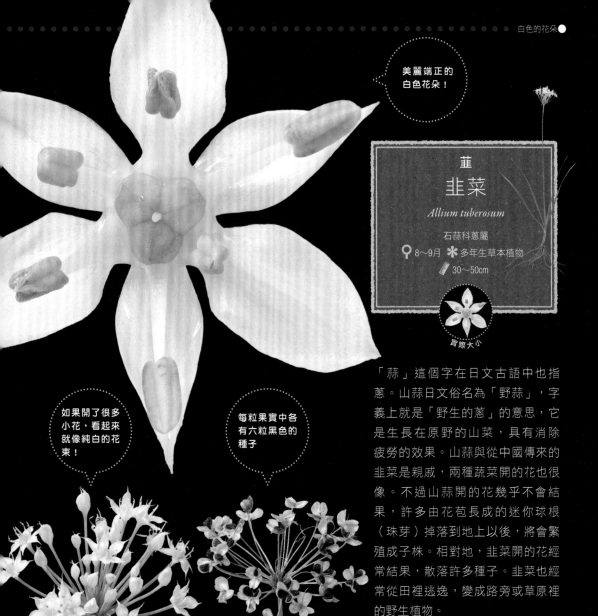

美麗端正的
白色花朵！

韭

韭菜

Allium tuberosum

石蒜科蔥屬

♀ 8～9月 ✳ 多年生草本植物

📏 30～50cm

實際大小

如果開了很多
小花，看起來
就像純白的花
束！

每粒果實中各
有六粒黑色的
種子

「蒜」這個字在日文古語中也指
蔥。山蒜日文俗名為「野蒜」，字
義上就是「野生的蔥」的意思，它
是生長在原野的山菜，具有消除
疲勞的效果。山蒜與從中國傳來的
韭菜是親戚，兩種蔬菜開的花也很
像。不過山蒜開的花幾乎不會結
果，許多由花苞長成的迷你球根
（珠芽）掉落到地上以後，將會繁
殖成子株。相對地，韭菜開的花經
常結果，散落許多種子。韭菜也經
常從田裡逃逸，變成路旁或草原裡
的野生植物。

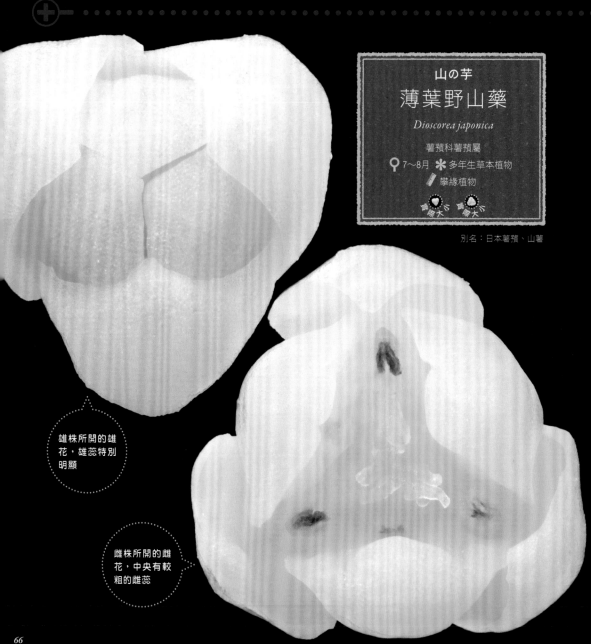

山の芋

薄葉野山藥

Dioscorea japonica

薯蕷科薯蕷屬

♀ 7～8月 ✳ 多年生草本植物
❚ 攀緣植物

♡ 實際大小　🔺 實際大小

別名：日本薯蕷、山薯

雄株所開的雄花，雄蕊特別明顯

雌株所開的雌花，中央有較粗的雌蕊

雄株
雄株的花穗
朝上。

雌株
雌株的花穗
向下。

**雄株也會結珠
芽繁殖**

薄葉野山藥會分成雄株與雌株開花

薄葉野山藥別名「日本薯蕷」。細長的野山藥磨成泥之後，無論滋味或黏稠度都是最上等的。薄葉野山藥是雌雄異株的攀緣植物，雌株的雌花是零零星星地垂下，雄株的雄花則是成簇地朝上，令人懷疑它們根本就是兩種不同的植物。雌株結出的果實輕盈地垂著，到了秋天成熟後向下打開，帶著纖薄翅膀的種子在空中滑翔，緩緩降落。除了藉由種子繁殖，薄葉野山藥不論雌株或雄株在葉腋都會生長出珠芽，用來複製自己，增加許多分身。

附著翅膀的種子翩然降落！

薄葉野山藥的種子擁有罕見的滑翔翼，即使無風也能飛行。

慈姑會結出許多漂浮在水面上的果實，
這是生長在水田裡的野草的智慧

這是雄花。下方是已經凋謝的雌花

這是雌花。上方的雄花還是花苞

面高・沢瀉

慈姑

Sagittaria trifolia

澤瀉科慈姑屬

♀ 8～10月 ✳ 多年生草本植物

📏 20～80cm

實際大小

慈姑是日本自古以來生長在水田裡的野草，它的葉片形狀像箭簇，日本家紋中的「沢瀉紋」就是根據這種植物的葉與花設計。到了秋季時，慈姑的花莖伸長，並分成多段，每段會開三朵花。最先開的是雌花，中央有許多雌蕊匯集成小丑鼻子般的圓球形。在雄花綻放時，雌花已經結出許多小瘦果，到了秋季時散落許多結著薄膜的種子。作為日本正月料理食材的慈姑，是野生種慈姑的栽培種，除了球莖比較大以外，其餘的部分都跟野生種慈姑很相似。

在雌花中央
圓形的部分
是……

由許多雌蕊聚
集在一起！

大量的雌蕊將會
結成附著薄膜的
果實，掉落後漂
浮在水面上。

銀線草的花既沒有花瓣也沒有萼片，
採取相當獨特的戰略

白色的棒狀
物可不是花
瓣喲！

金粟蘭科就像植物界的「奇蝦
屬」古生物。從綠色的雌蕊橫
腹，長出三根長條形的雄蕊。

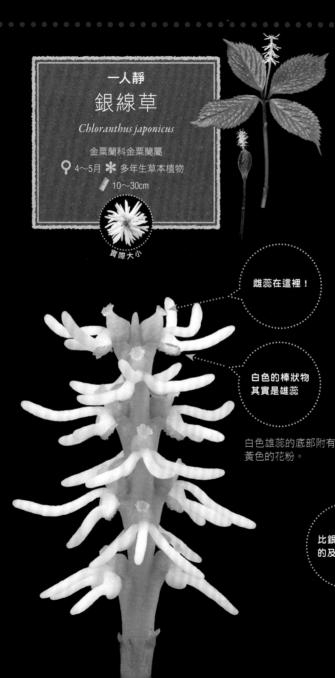

一人靜
銀線草
Chloranthus japonicus

金粟蘭科金粟蘭屬
♀ 4～5月　✳ 多年生草本植物
📏 10～30cm

實際大小

在植物種類趨於多樣化的中生代（Mesozoic Era），花朵的構造在演化過程經歷了各種各樣的變化，其中銀線草的祖先可說相當獨特。它既沒有萼片，也沒有花瓣，只在雌蕊的底側橫向伸出雄蕊，作為點綴。白色的棒狀物是雄蕊的一部分，花粉則附在雄蕊根部。雄蕊則是從又胖又短的雌蕊腹部伸出。其實這樣的構造很有創意，不過花朵進化的結果，是以雄蕊環繞著雌蕊為主流，只有金粟蘭科植物的少數子孫，繼承了這種獨特的構造。

雌蕊在這裡！

白色的棒狀物
其實是雄蕊

白色雄蕊的底部附有
黃色的花粉。

雄蕊環繞在
雌蕊上，守
護著它

比銀線草樸素
的及己

與銀線草同屬的及己（*Chloranthus serratus*），是由原始的昆蟲「薊馬」幫忙搬運花粉。

花朵的雌雄

一朵花裡同時兼具雌蕊與雄蕊
兩性花

在一朵花裡有雌蕊與雄蕊，隨著雌蕊與雄蕊的距離、成熟的時機不同，有可能自花授粉。

雄蕊

雌蕊

▲ 鵝兒腸
雄蕊位在雌蕊內側，彼此相連而且同時成熟，可以靠自己完成授粉。

雌花與雄花
生長在同一株植物
雌雄同株

同一株植物綻放著雌花與雄花，藉著風或昆蟲的幫助授粉。其中雌花只占少數，大部分都是雄花。

只有雌蕊　雌花

會結出果實
（黃瓜）！

▲ 黃瓜
雌花的基部附有子房，會長成果實。但是雄花的數量比較多。

　　花是植物的生殖器官。通常動物的雌雄會是不同的個體，但是以植物來看，一朵花裡同時具有雌、雄蕊的兩性花，約占全體百分之七十以上。為什麼植物以兩性花居多？因為植物不會動。動物可以走動互相靠近，植物卻需要風或昆蟲的幫助。像兩性花這樣的構造，在必要的時候還可以自力救濟（進行自花授粉）。

　　在兩性花當中，也有分成雌蕊與雄蕊同時成熟，積極完成自花授粉的例子，以及成熟時間錯開，避免自花授粉的類型。不同的戰略取決於偏重後代的「量」或「質」。短命的雜草生長在不確定的環境下，會以數量優先，促成自花授粉。而自然環境裡的多年生草比較注重質，所以傾向異花授粉。

雌花與雄花
生長在不同株
雌雄異株

藉由將雌花與雄花分開來，確保能獲得其他株植物的基因。在退化的過程中，有些種類只剩下雌蕊與雄蕊。

雄花　只有雄蕊

不會結出果實
（黃瓜）！

雄花

雄蕊

雌花

雌蕊

雌株

雄株

▲ 東瀛珊瑚（青木）
日本美麗的常綠樹。由於只有雌株運到英國，所以在當地無法結果，這段逸聞很有名。

同時具有雌花與雄花，雌雄同株的植物約占整體百分之十。需要媒介運送花粉，但雌雄同株的優點是，可以視本身的營養狀態分別綻放雌花與雄花。雌花到果實成熟為止，需要耗費相當多的養分，雄花所需的資源不多，不過一旦成功產生後代，就能帶來莫大的利益。

雌雄異株的植物如同動物般，雌、雄分屬不同個體，在植物中只占

了百分之四，屬於少數派。雖然也有失敗的風險，不過藉著別株植物的花粉（基因），可以留下多樣化的後代，而且在不同環境下，成功的機率也會增加。植物的性形態也包括兩性花與雌花、兩性花與雄花、雄株與雌株及兩性株等中間型，並且存在著自交不親和性等其他機制。究竟應該要自花授粉，還是最好避免呢？外表清純的花朵也存在著性的糾葛。

essay 02 在里山散步

　　遠離都市的喧囂，趁著假日前往里山吧。所謂的里山，並不是什麼特別的場所。在市郊分布著民家、田圃、原野，以及雜木林，像這樣的地方就是里山。田間的小徑旁，春天有蒲公英與堇菜，夏天有慈姑、鱧腸，秋天有雞兒腸、蓼等野花爭相綻放。往天空仰望可以看到白雲，雲雀啁啾的啼聲顯得特別熱鬧。

　　植物對於環境細微的差異很敏感。在小塊的凹陷濕地，野鳳仙花與戟葉蓼成群生長，每年在除草後的土堤，將會看到輪葉沙參與地榆開花。林間樹蔭下的小徑是花點草與鵝掌草的地盤，銀線草也「稍微參一腳」穿插在其中。在森林邊緣長著山奶草，草叢間纏繞著山黑扁豆與漸尖葉鹿藿，結出的豆莢與種子，美得令人想描繪下來。

　　在里山多樣化的自然環境下，昆蟲的種類也很豐富。譬如看起來像寶石的吉丁蟲，會把葉子捲得很藝術的捲葉象鼻蟲，頭部看起來像外星人的長角象鼻蟲，蝴蝶與蜻蜓，螽斯。夏夜裡天蛾像小型戰鬥機似地飛向月見草的花。長尾水青蛾也相當漂亮。如果在路燈下搜索（不是LED燈而是螢光燈），說不定可以親手捉到期待已久的獨角仙或鍬形蟲。

　　每到黃昏時分，我的聽覺變得特別敏銳。這時正從白晝過渡到夜晚的時段，四周的蟲鳴聲也從日本油蟬轉變為日本暮蟬。在日落三十分鐘後，白頰鼯鼠便從樹洞中探出頭來，滑翔在空中。

藍色與紫色的花朵

雖然泥胡菜的花跟薊花很像，但是葉子卻不帶尖刺。日本人覺得這種植物是狐狸的化身，所以稱它為「狐薊」。看起來很可愛的薰衣草色絨球，是由許多小花構成。仔細觀察筒狀的細長花朵，在顏色較深的雄蕊前端可以看到花粉。當花粉全部成熟後，雌蕊會伸長，前端分成兩部分彎曲地岔開，準備接受花粉。泥胡菜長在鄉間的路旁與土堤，開花後將轉變為只有白色絨毛的毛球。

狐薊

泥胡菜

Hemisteptia lyrata

菊科泥胡菜屬

♀ 5～6月　✳ 二年生草本植物

∕ 60～90cm

雖然日文名稱是「狐薊」，
它卻不是薊花，
花朵的形狀彷彿是可愛的絨球

雖然外型看起來跟薊花很像⋯⋯

但是體積小了很多？

化身為柔軟的絨毛！

雌蕊的前端會彎曲地岔開 ♪

泥胡菜跟薊花不同，葉片與總苞片沒有刺。

淺紫色的花是清純的「野菊」。其中的代表種是野紺菊與日本雞兒腸（日本東部的種類是關東雞兒腸）。雖然兩種花看起來很像，但是開花的方式與種子的絨毛卻不太一樣。野紺菊會成群地生長，高度大致相同，長出帶有絨毛的種子。日本雞兒腸與關東雞兒腸的花朵點綴在莖的頂端，結出沒有毛的光頭種子。最近原產於中美洲的加勒比飛蓬在日本也成為路旁與石牆縫隙間的野生植物，開出來的花朵由白轉紅相當醒目，但那不是野菊，而是白頂飛蓬的親戚。

雖然看起來很像，但是有訣竅可以分辨！

野紺菊

野紺菊

Aster microcephalus var. *ovatus*

菊科紫菀屬

♀ 8～11月　❋ 多年生草本植物

▦ 50～100cm

實際大小

外觀跟野紺菊很相似的關東雞兒腸

看起來跟野紺菊也很相似的加勒比飛蓬

野紺菊的種子附帶柔軟的絨毛！

日本雞兒腸與關東雞兒腸的果實，外觀就像剃得圓圓短短的頭，上面有很多角狀突起。

加勒比飛蓬的日文名字是薄雞兒腸，可是它其實不是雞兒腸！？

野紺菊的花
有毛！

管狀花是兩性花，
舌狀花則是沒有雄
蕊，也不會製造花
粉的雌花。

淺紫色的花相
當清純，具有
「和風」的印
象！

79

蜂類會來造訪輪葉沙參的花。
花朵的顏色也符合蜂類的喜好。

雌蕊打開了！

把花粉傳遞出
去以後，雄蕊
就變得萎靡不
振……

當花朵綻放時，會先
經歷一段雄性期，接
下來再轉為雌性期。

花瓣鼓鼓地向外捲，看起來非常可愛！

花朵在莖上一段段地出現，從下往上開花。

也有白色的花！

筒狀的花瓣與長長的雌蕊，看起來就像釣鐘

釣鐘人參

輪葉沙參

Adenophora triphylla var. *japonica*

桔梗科沙參屬

♀ 8～10月　✳ 多年生草本植物

📏 40～100cm

實際大小

釣鐘型的小花輕輕搖曳著。輪葉沙參經常出現在鄉間的原野或土堤，近年來由於環境開發與受到外來種入侵的影響，已經大幅減少。這種花的雌蕊身兼二職，相當活躍。首先雌蕊的花柱部分會從雄蕊沾取花粉，並將花粉傳遞給昆蟲。雌蕊為了留住花粉，花柱上長了許多細毛。當花粉幾乎都讓昆蟲帶走時候，雌蕊的前端會張開。接下來將以雌蕊的角色接受花粉，結出種子。

花筒真的
非常～細！

只歡迎自備吸管
的訪客。泛著淺
紫的粉紅是小蝴
蝶喜愛的花色。

馬鞭草的花由
下往上綻放

熊葛

馬鞭草

Verbena officinalis

馬鞭草科馬鞭草屬

♀ 6～9月　❋ 多年生草本植物

▯ 30～80cm

實際大小

在日本，原生種的馬鞭草生長在河濱的平地或原野，左右伸展的花穗，綻放著外型特別小巧的花。過去它曾是人們喜愛的藥草，現在已經被淡忘，生長的空間也被外來種搶走，所以變得很少見。儘管日本原生種馬鞭草的花看起來很樸素，但是它對訪客卻相當好惡分明。由於花筒很細，所以只有附帶細吸管的小蝴蝶才能吸到花蜜。如果以昆蟲的視角窺看花心，哇，怎麼有點像鼻孔！竟然分布著毛茸茸的鼻毛？……其實這是為了阻擋前來盜蜜的螞蟻。

試著往花心窺看，裡面竟然都是毛茸茸的鼻毛！？

馬鞭草的花好惡極為鮮明，它會藉著毛茸茸的鼻毛阻擋螞蟻！

花瓣分成五瓣，向外打開。內壁分布著好多像火柴棒似的細毛！

岩煙草

苦苣苔

Conandron ramondioides

苦苣苔科苦苣苔屬

♀ 6～8月 ✳ 多年生草本植物

▯ 10～30cm

大片的葉子令人聯想到
菸草葉，所以日文漢字
寫作「岩煙草」。

實際大小

正處於結實的
時期。
雌蕊留下的遺
跡長長地伸出

只露出前端的
雌蕊。
圓形的柱頭只
有一點點

苦苣苔清純的紫色花朵，
偏愛潮濕的陰暗處

對於從岩壁探出頭來，朝下綻放的
苦苣苔花，熊蜂會從下方展開最後
登陸（final approach），這種花的
形狀就像引導船隻入港的旗幟。由
前後錯開的兩盞導燈引導前進的方
向。雌蕊的頂端位於橘色圖樣的正
中央，蜜蜂可以調整位置後入港。
苦苣苔花的造型其實很精緻，五枚
花瓣連在一起形成圓筒狀，環繞著
雌蕊的雄蕊，形狀就像火箭引擎般
帶有機械感。

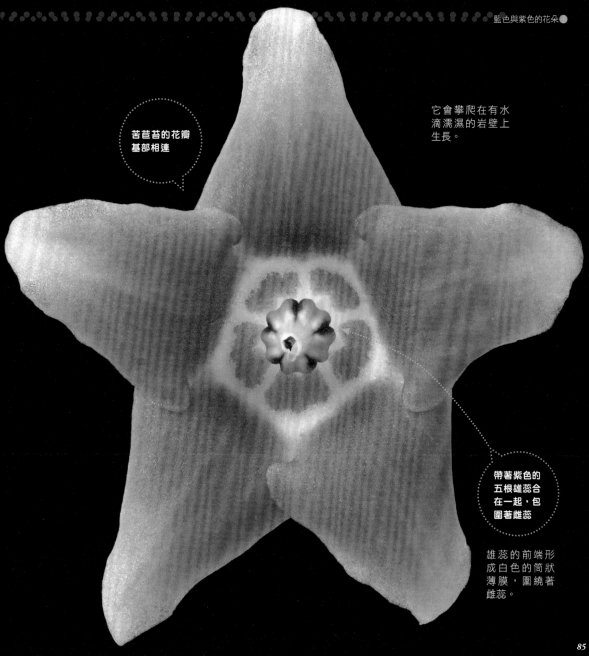

苦苣苔的花瓣
基部相連

它會攀爬在有水
滴濡濕的岩壁上
生長。

帶著紫色的
五根雄蕊合
在一起，包
圍著雌蕊

雄蕊的前端形
成白色的筒狀
薄膜，圍繞著
雌蕊。

像翅膀般的
大萼片

這裡是花瓣！

在花瓣前端有
絨球附著！

如果把附在花朵前端的
絨球往下壓，從花瓣之
間會露出雄蕊與雌蕊。

花朵間最醒目的絨球，
是用來吸引昆蟲的裝飾

姬萩
瓜子金
Polygala japonica

遠志科遠志屬

♀ 4～7月 ❋ 多年生草本植物

🔋 10～20cm

實際大小

近在腳邊的野草隱藏著細緻的美感。由鳥翼形狀的萼片與貌似珊瑚的絨球構成美麗的小花。花瓣貼合成筒狀，上方有二枚（附著在基部），下方有一枚。下方的花瓣包著雄蕊與雌蕊，前端垂墜著成束絲線狀的附屬物。如果按壓絨球，雄蕊與雌蕊會從花瓣中露出來。沒錯，這樣蜜蜂就能採到花粉了！等花朵凋謝後，萼片會褪為淡綠色，彷彿扇貝般合起來，守護著子房直到種子成熟。

瓜子金生長在山野有陽光照耀的草地。由於花開時混在草叢間，如果不仔細尋找，可能就會遺漏掉。

狸豆
野百合
Crotalaria sessiliflora

豆科野百合屬

7～9月 一年生草本植物

20～60cm

日文裡的「狸豆」，原來長這個樣子！圓形的萼片長滿褐色的剛毛，搖曳著垂吊在花梗上。密布著剛毛的部分是包覆著花苞或果實的萼片，當花苞開始綻放，只能在午後維持短暫的時間，等花朵凋謝以後，又恢復成萼片的樣子。雖然它是鄉間原野的雜草，但是在目前的日本卻變得不常見。儘管如此，野百合開出藍紫色的花真的很美。咦？……在花瓣後方藏著尖尖的耳朵。難不成這種花是貍的化身？

彷彿貍的尾巴
似地垂下

小巧玲瓏的豆科花朵，
萼片毛茸茸地，披覆著細密的毛

野百合的萼片
與花梗都毛茸
茸的！

豆科植物的花朵，
集合囉～！

豆科植物的花朵，由上方的一枚花瓣，橫向的兩枚，底下的兩枚花瓣構成，形狀就像蝴蝶。雄蕊與雌蕊隱藏在花瓣底下。

弱草藤
歐洲苕子
Vicia villosa subsp. *varia*

實際大小

豆科蠶豆屬

♀ 5～9月 ✳ 一年生草本植物 ▰ 攀緣植物

原產於歐洲的歐洲苕子。起初作為果樹園的綠肥而引進日本，後來成為路旁的野生植物。到了春天時，它會盛開紫紅色與白色相間的花朵。日本原生種的多花野豌豆（日文名字是「草藤」），到了夏天會開藍紫色的花。

在日照充足的原野，
綻放著許多肥厚可愛的花

駒繋ぎ
馬棘

實際大小

Indigofera pseudotinctoria

豆科木藍屬

♀ 7～9月 ✳ 小灌木 ▰ 40～80cm

馬棘生長在鄉間的路旁，枝幹筆直地伸長，結出粉紅色的花穗。在日本為了避免道路崩塌而種植的種類，是從種子開始培育，可以長到超過兩公尺高，變得相當粗壯，則是來自中國的另一亞種。近年來，由於此亞種的野生化及雜交造成問題。

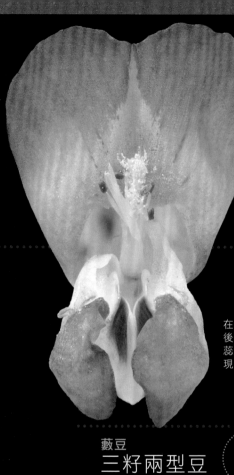

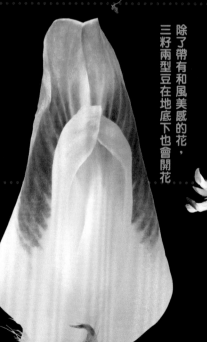

歐洲茗子的勢力，
比原生種的多花野豌豆更龐大！？
成串的花朵將路旁點綴得更繽紛

除了帶有和風美感的花，
三籽兩型豆在地底下也會開花

在昆蟲造訪過後，雌蕊或雄蕊會悄悄地展現出來。

藪豆
三籽兩型豆

Amphicarpaea edgeworthii

實際大小

豆科野毛扁豆屬

♀ 8～10月 ✳ 一年生草本植物 ▮ 攀緣植物

三籽兩型豆在草叢間綻放的花帶有和風的
美感，最特別的是，它在地底下也會開
花。話雖如此，在地底下的花，花瓣已
經退化成小小的花苞狀物體。它會自花授
粉，結出種子。

有五片萼片彷彿像花瓣一樣擴展開來

位於花朵上方的一對花瓣

位於花朵下方的另一對花瓣

受到花瓣保護的雄蕊與雌蕊

還亮草是原產於中國的外來種植物，生長在日本都市的近郊。

藉由華麗的萼片吸引昆蟲，
請訪客享用豐沛的花蜜

花瓣與萼片
一起伸長的
蜜距

在蜜距中有
許多花蜜。

葉片的外觀跟
芹菜很像，不
過有毒！

這種花的構造相當複雜。看起來像五枚花瓣的部分是萼片，這是毛茛科植物的常態，在花朵的中心有上下兩對花瓣伸出。下方的一對花瓣覆蓋著三根雌蕊與十根雄蕊。接下來是值得注意的重點：上方的一對花瓣向後伸長，使花蜜的位置變得有點遠，於是在外側最上面的萼片也向後延伸成袋狀，緊緊地包覆著。換句話說，它有雙層構造的蜜距。真是令人訝異啊。

芹葉飛燕草

還亮草

Delphinium anthriscifolium

毛茛科翠雀屬
♀ 4～5月 ✳ 越年生草本植物
📏 15～40cm

實際大小

一朵花會結出三顆果實，種子的表面彷彿有螺紋，受到風吹就轉呀轉地飛走了。

93

水葵
雨久花
Monochoria korsakowii

雨久花科鴨舌草屬
♀ 9～10月 ✳ 一年生草本植物
📏 20～40cm

實際大小

只有其中一
枚雄蕊的顏
色不同！

生長在水田或濕地的雨久花,有一
枚雄蕊的顏色不一樣。當其他五枚
色彩鮮明的黃色雄蕊吸引蜜蜂前
來,黑色的雄蕊會悄悄地將花粉抹
在它身上。而布袋蓮是來自南美洲
的外來種植物,有三枚比較長而且
會閃閃發亮的雄蕊,以及三枚比較
短的雄蕊。據說在布袋蓮的故鄉,
連雌蕊都有兩種,藉由經常造訪的
昆蟲帶來花粉,然後結果。但是在
日本就算布袋蓮開花後也不會結
果,而是藉由培育子株繁殖。

將水邊點綴得更繽紛

這兩種花都會長出長短兩種雄蕊，

布袋葵

布袋蓮

Eichhornia crassipes

雨久花科鳳眼蓮屬

♀ 6～11月 ✳ 多年生草本植物

📏 10～80cm

雖然布袋蓮的花很漂亮，但如果浮在水道或儲水池水面繁殖，將會造成問題。隨著生長環境不同，也有可能變得很巨大。

實際大小

短雄蕊悄悄地藏在這裡……

長雄蕊附著閃閃發亮的毛，相當華麗！

紫露草花朵的雄蕊很獨特，支撐著花藥（花粉的囊）的花絲長著許多毛。如果透過顯微鏡觀察，這些毛的構造就像閃閃發亮的串珠項鍊！那些很像珠子的部分是一個個的細胞，在開花時反覆分裂，像項鍊般排成一列。這些有生命的珠串會反光，讓昆蟲產生錯覺，以為這裡有很豐富的花粉，於是提高了授粉的機率。在日本的理科實驗課程，會利用這種毛觀察細胞質流動與體細胞分裂。

紫露草

紫露草

Tradescantia obiensis

鴨跖草科巴西水竹草屬

♀ 5～8月　✲ 多年生草本植物

▥ 40～80cm

實際大小

紫露草是來自北美的庭園植物，後來也在日本的原野或路旁繁衍。

如果用顯微鏡
觀察雄蕊柔軟
的毛……

看起來就像
閃亮的串珠
項鍊！

一粒粒的部分是正活
著的細胞。紫露草雄
蕊的毛附著黃色的花
粉，這樣可以趁機抹
在昆蟲身上。

從古到今，花朵下了許多功夫

從遠古以來，外觀幾乎
沒有太大改變的植物。

◀ 細辛
早在還沒有蝴蝶
與蜜蜂的時代，
已經出現的古老
植物。

蒼蠅
快來喲
!!

雌蕊
雄蕊

非常奇妙的
構造

花瓣
很小！

▲ 草珊瑚
雄蕊從雌蕊長出。
難道它是植物界的
「奇蝦屬」！？

這是萼片

既沒有萼片也
沒有花瓣!?

◀ 魚腥草
白色的部分是苞
片，既不是萼片
也不是花瓣，數量
跟單子葉植物一樣是
三的倍數。

▲ 日本萍蓬草
雄蕊與雌蕊都很多。
睡蓮科是最早的被子
植物之一。

　　花的型態真的非常多樣化。它們
在地球上經過什麼樣的進化歷程，才
演變成如此多樣化的面貌？被子植物
從外觀的特徵，可以分成單子葉植物
與雙子葉植物。不過在一九九〇年
代，隨著DNA的研究日新月異，建立
了相關的最新系統樹，從而顛覆了既
有的知識，原來還有一群，在單子葉
植物與雙子葉植物分開之前就存在的

古老植物啊。

　　這群植物稱為基部被子植物
（原始的被子植物），包括睡蓮
科、三白草科、金粟蘭科、馬兜鈴
科、木蘭科、樟科等植物。它們同時
具備單子葉植物與雙子葉植物這兩者
的特徵，花朵的構造也很特別，將演
化早期的花朵型態保留至今。

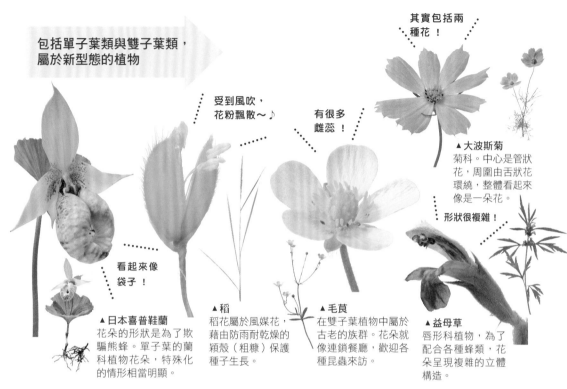

包括單子葉類與雙子葉類，屬於新型態的植物

其實包括兩種花！

受到風吹，花粉飄散～♪

有很多雌蕊！

看起來像袋子！

形狀很複雜！

▲大波斯菊
菊科。中心是管狀花，周圍由舌狀花環繞，整體看起來像是一朵花。

▲日本喜普鞋蘭
花朵的形狀是為了欺騙熊蜂。單子葉的蘭科植物花朵，特殊化的情形相當明顯。

▲稻
稻花屬於風媒花，藉由防雨耐乾燥的穎殼（粗糠）保護種子生長。

▲毛茛
在雙子葉植物中屬於古老的族群。花朵就像連鎖餐廳，歡迎各種昆蟲來訪。

▲益母草
唇形科植物，為了配合各種蜂類，花朵呈現複雜的立體構造。

　　演化初期誕生的植物，經過瑰麗的進化之後分為兩大族群：單子葉植物與雙子葉植物。單子葉植物的花，花瓣是三的倍數，葉片是平行脈，以草本的型態生活。其中大部分是蟲媒花，因應昆蟲的種類與相互的關係，出現多樣化的演化結果。其中也有捨棄裝飾，轉利用風媒的花朵。其中最大的派系是禾本科，成員族群的生長面積約占25%的陸地面積。

　　雙子葉植物的花瓣是四或五的倍數，葉片有網狀脈，多半是草或樹木。它們的花朵多半是蟲媒花，因應與昆蟲之間多樣化的關係，誕生出顏色與形狀富有各種變化的花，譬如歡迎各種昆蟲的皿狀花朵，或是會挑選客人的立體狀花朵等。菊科植物則形成茂密的頭狀花序。有些雙子葉植物進化為風媒花，隨著花瓣退化或雌雄分離，風媒花也進化出許多樣貌。

03 essay 過去曾經受到重視的植物，現在……

——我們來聽聽野草們的遭遇吧。

青苧麻：以前我是重要的纖維植物。因為莖的纖維既長又堅韌，用來織成的布稱為「上布」，具有透氣、吸濕、快乾等優點，大家都稱讚說做成衣服正適合悶熱的夏天。可是自從觸感更好的棉布出現後，人們忽然對我失去興趣。我就這樣被棄之不顧，變成路旁與草叢間的野草。我的花並不漂亮，所以平常沒什麼人注意。不過，現在我有一些同伴，在新潟縣等地的傳統工藝領域相當受到重視。

葛藤：過去我很活躍，而且還獲選為「秋天七草」的一員。身為有用植物，我的莖可以作為纖維或編籃子的材料，葉子能當成牛或馬的飼料，根部的澱粉可以製作「葛粉」或是「葛根湯」。不過現在的葛粉多半是混合物，主要成分是馬鈴薯、地瓜的澱粉，或是玉米澱粉。吉田兼好在《徒然草》中提到最想在庭園裡種的植物，其中也包括我的名字。他這樣寫著：「葛藤不會長得太高，也不會過於茂盛，這是它的優點」。在那個時代，我的藤蔓只要稍微伸展出去，很快就會被截去取用，可見有多受歡迎。最近竟然有人嘲笑我是「廢物～」（日文的廢物跟「葛」諧音），聽了就覺得好生氣！

魚腥草：我也曾經是重要的藥草，以前日本各地的住家都會種在庭院裡，詳細的內容請參考上一本書《微距攝影の野草之花圖鑑》。不過現在是潔癖取向的時代，我或許因為有體臭的關係，遭到大家嫌棄……

——原來是這樣呀，真的委屈你們了……

紅色的花朵

由許多小花
聚集而成

捲曲的部分是
雌蕊的頭

小花也附著短
短的花瓣！

冠毛在開花的時候
就已經預備好了。
下端膨脹的部分會
長成果實。

小花全部都會結成
種子，變成蓬鬆的
毛球。

昭和草在非洲
是一種蔬菜，
可以食用。

紅花檻褸菊
昭和草
Crassocephalum crepidioides

菊科昭和草屬

♀ 8～10月　✳ 一年生草本植物
🔖 30～70cm

實際大小

昭和草如彩球般的紅色花冠，聚集了大約二百多枚小花。當小花的花朵從外往內陸續綻放，綻開時將花粉散出之同時，雌蕊也探出頭來。雌蕊的前端分成兩半捲曲著，如果這部分沾到花粉，便會發育成附冠毛的果實。它的日文名字「紅花檻褸菊」令人納悶，原來是從英文名字「Red-flower ragleaf」直譯，將不規則裂開的葉片比喻為破布（rag）。雖然它最早來自熱帶非洲，但現在是分布於全世界的野草。

如果仔細觀察向下開的花，會看到前端捲曲的可愛雌蕊

花朵向下開

半邊蓮的花朵外型獨特，連授粉的方式也與眾不同

溝隱

半邊蓮

Lobelia chinensis

桔梗科半邊蓮屬

🔍 6～10月 ✱ 多年生草本植物

📏 10～15cm

實際大小

別名：細米草

花心看起來毛茸茸的

前端的白刺是雄蕊的末梢

雄蕊分布得很緊密，圍繞著雌蕊。這些位於花心的毛，可以預防花蜜流出、阻擋盜蜜的小偷。花瓣有綠色鼓起的部分，是為了引導蜜蜂鑽入雌蕊的正下方。

悄悄伸出具體而微的圓狀物，那是雌蕊的柱頭

突起的雄蕊送出花粉後，雌蕊的柱頭就會出現

這種花的形狀就像是位正在鞠躬的公主，或是飛舞的鳳凰。在頭頂的部分是雌蕊與雄蕊，不過它們不會同時成熟，首先會有二根突起的雄蕊伸出，將花粉抹在來訪的蜜蜂背上。接下來會露出雌蕊的圓頭，這時輪到它等待蜜蜂帶來的花粉。半邊蓮藉著錯開雄蕊與雌蕊的成熟期，與其他花交換花粉，獲得不同基因。透過這樣的機制，結出種子長成的植株富有多樣性，即使面臨病害或環境發生變化，也比較容易存活。

半邊蓮又有一別名叫細米草，是種生長在田間土堤或溝裡的小草，莖葉流出的白色乳汁有毒。同屬的無柄葉山梗菜生長在濕原。

花朵朝上綻放，彷彿雙手攤開的姿態

上面的花瓣是招牌

小蝴蝶，歡迎你來玩～！

下方的花瓣是著陸點

停留在著陸點的蝴蝶，為了吸取花心深處的蜜，口器會沾上花粉。

看似可愛的小花，卻帶著桃紅色的刺!?

萼片前端會變成刺！

花朵盛開後萼片會朝下

萼片前端的刺，會變成堅硬的勾針，附在各種東西上。

成熟的果實將變成「黏人蟲」！

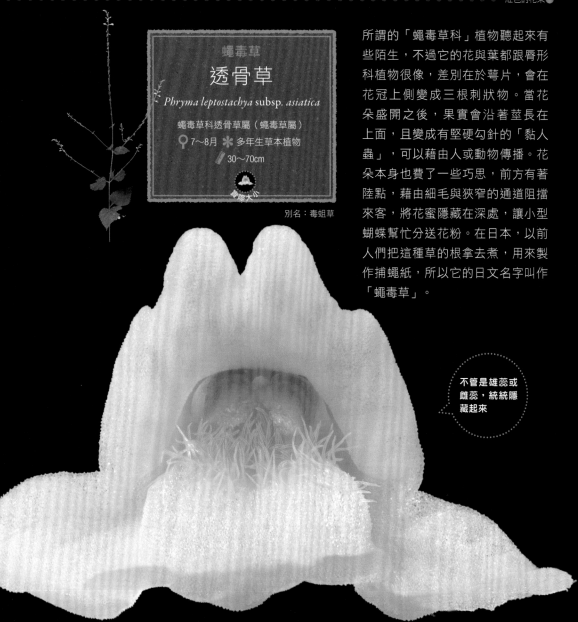

蠅毒草
透骨草
Phryma leptostachya subsp. *asiatica*

蠅毒草科透骨草屬（蠅毒草屬）
♀ 7～8月　✳ 多年生草本植物
📷 30～70cm

實際大小

別名：毒蛆草

所謂的「蠅毒草科」植物聽起來有些陌生，不過它的花與葉都跟脣形科植物很像，差別在於萼片，會在花冠上側變成三根刺狀物。當花朵盛開之後，果實會沿著莖長在上面，且變成有堅硬勾針的「黏人蟲」，可以藉由人或動物傳播。花朵本身也費了一些巧思，前方有著陸點，藉由細毛與狹窄的通道阻擋來客，將花蜜隱藏在深處，讓小型蝴蝶幫忙分送花粉。在日本，以前人們把這種草的根拿去煮，用來製作捕蠅紙，所以它的日文名字叫作「蠅毒草」。

不管是雄蕊或雌蕊，統統隱藏起來

這種可供欣賞顏色變化的花，現在正從各地的庭園脫逃出來，相當令人頭痛

雖然馬纓丹是種美麗的園藝植物，但是在全世界的熱帶與亞熱帶地區已經逐漸野生，變成具有侵略性的外來種植物。

七変化

馬纓丹

Lantana camara

馬鞭草科馬纓丹屬

♀ 5～11月　✳ 常綠小灌木

📏 50～150cm

實際大小　　　別名：五色梅

花瓣的顏色會
從黃色轉變為
粉紅或紅色

它是灌木，高度大約會長到一公尺，莖上有細刺。

馬纓丹的名字也常常寫成「馬櫻丹」，花朵聚成圓形綻放，剛開始是黃色，漸漸地會轉為粉紅或紅色，看起來就像彩色漸層的花束。馬纓丹的花筒很細，有吸管狀口器的蝴蝶等昆蟲會飛來吸蜜。蝴蝶能夠分辨花色與花蜜之間的關係，漸漸地就會只選花蜜多的黃花。除了藉由花色提高授粉的機率，那些已經完成授粉，缺乏花蜜的粉紅色及紅色花朵，可以當作向蝴蝶宣傳的廣告看板。

花朵從外側開始陸續綻放

花苞是四方形

細長的花筒裡蘊含著花蜜。

成熟的果實將轉為藍紫色，鳥類啄食後會將種子散布到其他地方。

花冠很可愛，它是生長在海岸的野草

岩垂れ草

鴨舌癀（過江藤）

Phyla nodiflora

馬鞭草科鴨舌癀屬

♀ 7～10月 ✳ 多年生草本植物

🔋 10～20cm

實際大小

當花穗底下的蓋子打開，小花就陸續綻放

漸漸地轉為粉紅色！

鴨舌癀原本是海岸植物，由於它常綠的葉片可以覆蓋地面，所以在日本作為地被植物栽種，用來取代草坪。它的小花像頭帶般環繞在細長的花莖頂端，開花後花瓣從白色漸漸轉為粉紅色，這點跟同科的馬纓丹有點像。鴨舌癀可以耐旱，也不受土壤鹽化的影響，甚至能承受踩踏，因此相當受歡迎，但是它也漸漸地開始在日本自然野生。同屬的姬岩垂草原產於南美洲，也是地被植物，但是日本環境省已對社會大眾提出警告，它的野生化將對生態系統造成破壞。

花穗會從下往上開花，變成長一點五公分的橢球體。

姬岩垂草的花穗比較短

花穗約直徑一公分，與其說是穗，不如說更像一整朵花。

在橙紅蔦蘿的故鄉——南美洲，蜂鳥會來造訪這種花。紅色會吸引鳥的目光，細長的花筒也跟鳥喙很合。它跟蔦蘿一起作為觀賞植物引進日本。相對於葉子呈羽狀裂片的蔦蘿，葉片帶圓的是橙紅蔦蘿。比較難種植的蔦蘿至今仍是庭院植物，橙紅蔦蘿已經開始朝氣蓬勃地野生化。在日本則是由鳳蝶傳遞花粉，或是由雌蕊與雄蕊自行接觸，也會結出果實。

又稱為圓葉蔦蘿。在日本關東以西廣泛地生長，成為歸化植物，但由於勢力龐大，也對農作物造成危害。

丸葉縷紅

橙紅蔦蘿

Ipomoea coccinea

旋花科牽牛花屬

♀ 8～10月 ✳ 一年生草本植物

🖌 攀緣植物

實際大小

有很多花苞！

跟牽牛花的果實很像！

112

看到星星了嗎？

從上方俯瞰，整朵花是五角型

在公園的圍籬，彷彿有許多紅色的迷你牽牛花，朝氣蓬勃地綻放著

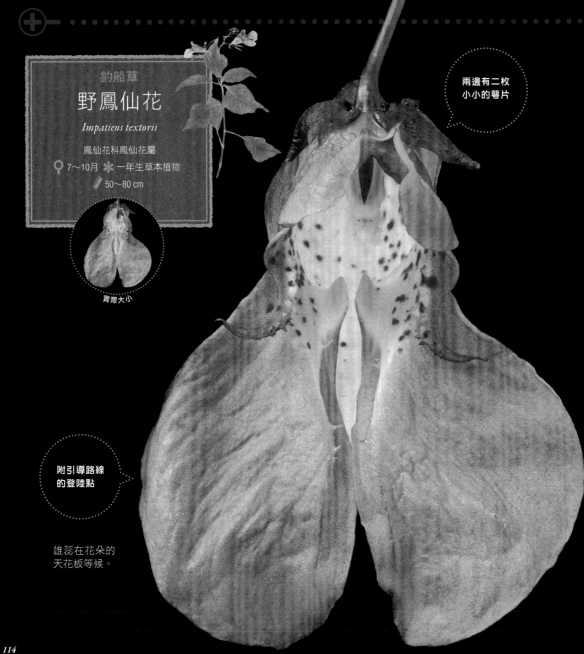

釣船草
野鳳仙花
Impatiens textorii

鳳仙花科鳳仙花屬
♀ 7～10月 ✳ 一年生草本植物
📏 50～80 cm

實際大小

兩邊有二枚
小小的萼片

附引導路線
的登陸點

雄蕊在花朵的
天花板等候。

垂在下方的
是兩枚花瓣

其實這裡也是
萼片！
在後方藏有許
多花蜜！

整朵花由三枚
萼片與三枚花
瓣組成。

啪喀！

當果實成熟時，
種子會強勁地彈
到遠處

水金鳳的花是漂
亮的黃色，附帶
紅色的斑點，看
起來很時髦

蜷曲起來的萼片是它的特徵
更繽紛的野鳳仙花，
在秋季將水邊點綴得

這種美麗的花，形狀彷彿懸吊著的小舟。前方有大大的開口，萼片向後方伸出，末梢捲成渦形。這種花最常見的訪客是熊蜂，當熊蜂擠進萼片尖端吸取蜂蜜，過了數秒以後就出來，再飛到其他的花朵。這時前方的花瓣就像登陸點，橘黃色的溝就像引導的路徑，讓蜜蜂的背部接觸到從花朵頂端垂下的雄蕊。野鳳仙花的形狀會這麼複雜，是為了延長蜂類逗留的時間。雌蕊隱藏在雄蕊後面，當花粉淨空時就會出現。

跟野鳳仙花相似
的水金鳳也經常
生長在附近。

在鄉間原野隨風搖曳的酒紅色地榆花穗，相當具有特色。想到它竟然沒有列入「秋天七草」，實在有點可惜。地榆的花穗集滿小花，從上往下綻放。底下開的是白色的花，雄蕊會產生花粉。上方顏色較深的小花已經開了一段時間，雄蕊的花粉都送出去了。令人訝異的是，它竟然是薔薇科的植物。看起來像花瓣的部分其實是萼片，而且不是五枚，只有四枚，雄蕊也只有四根，可說是薔薇科成員中的異類。

吾木香

地榆

Sanguisorba officinalis

薔薇科地榆屬

♀ 8～10月　✳ 多年生草本植物

📏 50～100cm

實際大小

有許多黃色的花粉！

花開後變成淡粉紅色，
萼片染上令人喜愛的顏色

看起來像花瓣的部分，其實是粉紅色的萼片

萼片前端的突起，是從花苞時期遺留下的痕跡。

從上往下漸漸綻放

萼片與雄蕊各有四枚

粉紅色的花瓣
與星形的萼
片，看起來非
常可愛！

看起來像草,搞不清楚究竟是草本還是木本,其實是小型灌木。

苗代莓

紅梅消

Rubus parvifolius

薔薇科懸鉤子屬

♀ 5～6月　✳ 落葉小灌木

🖌 攀緣植物

實際大小

表面有光澤,看起來很好吃

豔粉色的花瓣與
紅色多汁的果實相當受到喜愛

這應該是精美的和菓子包裝吧?在粉紅的「水引」細繩結底下,包覆著雄蕊及將來會長成紅色莓果的子房。「水引」細繩結其實是雌蕊的柱頭,數量跟複果的果粒相同,它們從縫隙中露出來,等待著邂逅花粉。若要解釋紅梅消為什麼把雄蕊包覆起來,那是因為不想讓雌蕊被自己的花粉授粉。等結出可口的紅色莓果,在一顆顆果粒中,種子蘊含著不同於原株的基因,藉由鳥類與動物散布到其他地方。

一根根豎起來的是雌蕊的柱頭

剝掉一面的萼片及花瓣觀察花朵內部。雄蕊被花瓣包覆,無法伸出到外面。

119

芋傍喰

關節酢漿草

Oxalis articulata

酢漿草科酢漿草屬

♀ 4～11月 ✱ 多年生草本植物

🖌 10～30 cm

實際大小

關節酢漿草的
花很多,形狀
像座墊般成群
綻放。

花心的顏色維
持不變,帶有
紫色的線條

酢漿草屬的這兩種植物,不論花或
葉都很相似。如果花心看起來是紫
色的,就是關節酢漿草,假設花心
是綠色的就是紫花酢漿草。這兩者
都原產於南美,作為觀賞植物引進
日本,後來在庭院與路旁普遍生
長。仔細觀察花心,每一枚雌蕊的
前端都分成五瓣,與十枚長短不一
的雄蕊互相交錯,看起來就像萬花
筒。關節酢漿草的雄蕊雖然會產生
黃色的花粉,但是很少會結果。紫
花酢漿草傳到日本以後,白色的雄
蕊不再產生花粉,也不會結果。

在根部形成粗黑的塊莖,
可以分株之後增生。塊莖
有時候會像成串的糰子一
樣連在一起。

花心深處泛白，帶有綠色的紋路

雖然酢漿草開的花很多，卻是靠地下的塊莖與鱗莖繁衍

紫花酢漿草的繁殖力很強，甚至變成農地裡令人頭痛的雜草。

在根部有彷彿縮小版洋蔥的鱗莖，旁邊附有許多小球，藉此繁衍增生。

紫傍喰
紫花酢漿草
Oxalis debilis subsp. *corymbosa*

酢漿草科酢漿草屬
♀ 5～10月　✳ 多年生草本植物
🔲 10～30 cm

實際大小

這種花很聰明，
藉由區隔雄蕊與
雌蕊的長度，
防止自花授粉

雌蕊比較長！
雄蕊有分成長
短兩種！

光千屈菜生長在田畝周圍與濕地，正好在盂蘭盆節時（確切日期各地不同）綻放，所以又稱為「盆花」。它跟紫薇是同科植物，難怪花瓣感覺都特別輕盈。這種花具有所謂的「花柱異型性」，在不同植株之間，有著雌／雄蕊長度有所差異的數種「類型」，唯有屬於不同類型的植株之間才可以受粉成功，並結出果實，這麼一來就能確保只跟其他植株授粉。同屬的千屈菜也生長在濕地，特徵是萼片與莖密集地生長著細毛。

禊萩

光千屈菜

Lythrum anceps

千屈菜科千屈菜屬

♀ 7～8月　✳ 多年生草本植物

📏 50～100 cm

實際大小

這種花的雌蕊
比較短！

雄蕊有分長
短兩種，各
有六枚。

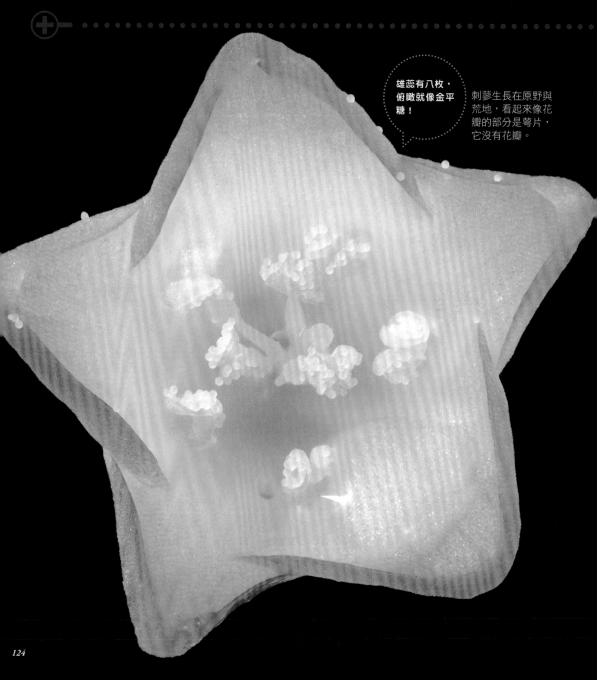

雄蕊有八枚，
俯瞰就像金平
糖！

刺蓼生長在原野與
荒地，看起來像花
瓣的部分是萼片，
它沒有花瓣。

継子の尻拭

刺蓼

Persicaria senticosa

蓼科春蓼屬
♀ 5～10月 ✿ 一年生草本植物
📏 30～100 cm

別名：棘蕎麥

花穗上聚集了約十朵小花綻放

刺蓼桃紅色的花穗在秋日的原野隨風搖曳，花穗的形狀彷彿金平糖，漸層的色彩也很美，彷彿愛作夢的少女。不過你可千萬別伸手碰它，萬一被作為保護的刺戳到，那可是很痛的！順帶一提，古時候的人把草葉當成如廁用的衛生紙，而壞心眼的後母，給了繼女毒蘋果……不，是叫她用這種草的葉子擦屁股，彷彿在開玩笑似的，刺蓼的日文俗名正是「繼子的廁紙」。跟刺蓼相似的戟葉蓼，葉片的形狀像牛頭，刺比較稀疏。

明明花朵長得很可愛，
卻因為布滿許多棘手的小刺，
所以取了奇怪的名字

戟葉蓼的花穗上大約聚集了二十朵花

彷彿為了把刺掛在其他植物上，枝葉會攀爬伸展出去。

長了很多朝下的刺！

戟葉蓼生長在水邊，雖然看起來跟蕎麥有點像，但是不能吃。

長莢罌粟紅色的花朵，感覺跟卡門的黑髮很搭。它從地中海地區一路流浪而來，千禧年之後在日本有增加的趨勢。長莢罌粟在秋季萌芽、春季開花，留下種子以後就枯萎了，屬於一年生草本植物。花朵的直徑一般約五公分，如果是營養不良或發芽太晚的小株所開出的單朵花，最小約直徑一公分。種子的數量也會反映出花朵大小，直徑五公分大的花有二千粒左右，一公分大的花還不到五十粒，存在著相當大的差異。儘管如此，即使多留下一粒種子也好，長莢罌粟的紅花彷彿正熱情地燃燒著，這種花果然很適合卡門。

長実雛罌粟

長莢罌粟

Papaver dubium

罌粟科罌粟屬

♀ 4～6月 ＊ 一年生草本植物

📏 5～60 cm

外觀惹人憐愛的野草，韌性十足

每朵花大小不同，落差可以有這麼大！

實際大小

花苞表面毛茸茸的

果實成熟後，頂端的蓋子會打開，小小的種子會溢出來。雖然數量很多，但是幾乎只有芥子大。

其中也有花瓣印著圖案！

126

每朵花雌蕊頂端的條紋數都不一樣！

以華麗的花紋
吸引訪客！

黃色的紋樣
是通往花蜜
的記號。

雌蕊柱頭先
分岔成三列，
前端再分成
兩叉

閃耀光澤的小顆粒，
是鼓勵昆蟲回訪的小禮物

台灣杜鵑草

台灣油點草

Tricyrtis formosana

百合科油點草屬

♀ 8～10月　❋ 多年生草本植物

📏 60～100 cm

花朵聚集在
直立的莖部
頂端綻放。

實際大小

油點草的花瓣上有斑紋，看起來就像以啼聲「布穀」為人熟知的杜鵑鳥腹部，因此日文名稱取為「杜鵑草」。在六片花瓣的外側，其中有三片相當於萼片，底部膨脹起來彷彿屁股的形狀，其中蘊含著花蜜。當熊蜂鑽進來採蜜時，它的背部會沾上正中央雌蕊與雄蕊的花粉，順便幫忙傳遞。在雌蕊的柱頭上分布著閃耀的顆粒，那是模仿花蜜光澤的裝飾品。油點草是山上的野生植物，在日本住家附近自然野化的是栽培的「台灣油點草」。

為了讓鑽進花裡的
熊蜂沾到花粉，有
六枚雄蕊頭朝下在
那裡等候。

日本原生種的
油點草花紋是
淺紫色！

這是日本原生種的
油點草，莖部下
垂，每一枝莖都開
著一至三朵花梗被
葉片包圍住的花。

由於分類大幅改變，
有些意想不到的植物竟然變成親戚

依然是玄參科，維持不變

◀ 毛蕊花
花朵左右對稱，雄蕊柄也有毛。請參考p.12。

原本的玄參科植物分散到各科

玄參科植物原本有306屬5850種，是個大科，不過後來研判有很多成員屬於其他科，大部分已分到其他七科，目前有60屬1900種。

分到車前科

◀ 阿拉伯婆婆納
整朵花左右對稱，花瓣彼此相連（合瓣花筒），前端裂成四瓣。

像不像？

車前草竟然是阿拉伯婆婆納的親戚！

▶夏堇
園藝植物，如果觸碰雌蕊的柱頭，花朵通常會閉合。

列入通泉草科

▲ 匍莖通泉草
花朵是左右對稱的唇形，如果觸碰雌蕊的柱頭，花朵會閉合。

分到新設立的母草科

▲ 車前草
屬於風媒花，四裂的花瓣很小，已經退化。

植物的特性會顯現在花朵上，所以既有的植物分類系統一直很注重花的型態。不過近年來隨著基因的DNA研究日新月異，導出根據核酸序列的差異推斷植物類緣關係的「APG分類法」。研究目前仍在持續進行中，所以系統已經過數次更新。APG分類與既有的分類存在著若干差異，由於花朵相似，過去認為類緣相近的植物，

後來發現彼此之間毫無關係，像這樣的例子屢見不鮮。

到了西元二千年以降，日本的植物圖鑑也毅然對科別提出大幅修正。過去原本屬於大家族（「科」的英文正好是family）的玄參科與百合科面臨被拆散的命運，另外也有許多我們還不習慣的新科名登場，譬如天門冬科、蔥科。

◀ 海州常山（臭梧桐）
葉子雖然散發惡臭，但是花朵很香，藉以引誘蝶蛾。

改列入脣形科的植物

馬鞭草科原先是跟脣形科相近的一群。經過詳細調查DNA的結果，有一部分成員改列入脣形科。

馬鞭草科也被拆散，變得零零落落……

▲ 紫珠
種植在庭院裡的灌木，在秋季結的紫色果實很漂亮。

▼ 台灣吊鐘花
杜鵑花科的灌木，春季時會綻放吊鐘型的花朵。

屬於完全不同科，但是形狀相似!?

雖然這兩種植物的關係很遠，但是花朵都是白色的吊鐘，而且前端微微翹起。這是為了適應傳遞花粉的蜜蜂，自然演化的結果。

▲ 鈴蘭
天門冬科的園藝植物，花朵朝下開。

　　習慣既有分類系統的人，一開始或許會覺得不適應，不過如果隨意地瀏覽新圖鑑，將發現新分類的植物確實有許多共通點，而且這樣的例子屢見不鮮，令人改觀。而即使是類緣相近的植物，只要傳播花粉的途徑不同（是風或蟲，而且蟲也有分許多種類？），花的樣貌也會形成差異，這些細節有時頗讓人感動，彷彿解開謎底般雀躍不已！

　　欣賞花的圖鑑，怎麼看都不會膩。即使屬於同一科，也有像阿拉伯婆婆納與車前草般差異很大，或是雖然完全不同科，但是卻有著像台灣吊鐘花與鈴蘭這麼相似的花朵。花朵的顏色與形狀，會隨著傳粉途徑或與競爭對手的關係持續進化，而且還會選擇授粉的方式作為留下後代的戰略，所以植物在時間的推移中仍持續變化著。

04 草葉末梢的寶石

　　在晨間清涼的空氣中，早起散步感覺很舒服。剛露面的陽光照耀著露珠，禾本科植物賣力伸展的草葉末梢，閃耀著如鑽石般的光輝。當太陽升起，照亮原野，竟然出現一整片的寶石之海！

　　帶著寒意的早晨，由於輻射冷卻現象，空氣中的水分會在葉片表面凝結，形成細霧般的水滴，這就是朝露。
不過，葉片前端的水滴並不是朝露。那是從根部吸取、再由葉片排出的水。如果仔細觀察，在問荊的頂端與節、或是地榆葉的鋸齒，都有這樣的水珠，如同水晶燈般閃耀光輝。植物葉片的氣孔在日間會張開來，讓水分以水蒸氣的型態回到空氣中。藉著這樣的作用，從根部吸收的水會不間斷地運送到葉片末梢。

　　到了夜晚葉片的氣孔關閉。不過植物的根由於滲透壓，仍會持續吸取土壤中的水分，所以水會累積在葉片。這些多出來的水分，藉由葉片前端的微小排水孔（水孔）逸出，成為小水滴。尤其在氣溫低、濕度高的早晨，水分不容易形成水蒸氣，於是華麗的水晶吊燈就在草葉間出現了。

　　我想建議大家早起去散步，你一定會為大自然蘊含的美深受感動。

綠色與褐色的花朵

蔓人参
山奶草
Codonopsis lanceolata

桔梗科山奶草屬

♀ 8～10月　✳ 多年生草本植物

🌿 攀緣植物

實際大小

綠色或褐色的花朵，特別容易吸引奇異的訪客，就像山奶草的花朵常招來凶暴的日本黃蜂。當它們鑽進花裡採蜜，背部會沾到花粉，以黃蜂的視角來看，這種花呈現不可思議的幾何圖形。雄蕊一開始聚集在中心，當花粉都送出去以後就紛紛倒向花筒，輪到雌蕊成熟的柱頭大幅張開。山奶草的日文暱稱是「爺斑」，以老爺爺的雀斑譬喻花瓣上的斑紋。另外還有一種「雀斑黨參」（婆斑）是它的近親。

花朵剛開時，雄蕊聚集在中心！

大大的萼片與花朵彷彿膨脹的屁股

山奶草是里山的野生植物。它的粗根外觀像高麗蔘，有時候也會用來製作藥膳。

在開花後過了一會兒，功成身退的雄蕊會靠到旁邊，位於中央的雌蕊大幅張開。山奶草錯開雄蕊與雌蕊成熟的時機，用意是獲得來自其他花朵的花粉。它只有透過異花授粉才會結果。

沒過多久，雄蕊倒向花筒，而雌蕊張開了

雌蕊大幅張開，是為了讓大型昆蟲採蜜

雌蕊與雄蕊
彷彿正在接
吻！

這種完全不含葉綠素的奇妙草類，
是原產於歐洲的寄生植物。它會對
豆科與菊科植物的根插入「寄生
根」，奪取水分與養分，在地上的
部分只保留了繁殖用的器官。小列
當的花構造很精巧，由花瓣構成的
荷葉邊包覆著巨大的雌蕊與長短各
兩根雄蕊。在花朵快要枯萎時雌蕊
的柱頭會彎曲，自己跟雄蕊接吻授
粉。種子幾乎都很微小，約0.3mm
長，當它感覺到寄生對象分泌的物
質時，就會發芽，展開它的寄生生
涯。

在莖與萼片上
有許多前端附
圓頭的毛

瘦靫

小列當

Orobanche minor

列當科列當屬

♀ 4～6月 ✳ 寄生性一年生草本植物

📏 15～50 cm

實際大小

竟然沒有含葉綠素的部分!?
小列當會寄生在各種草類，
吸取它們的養分

雌蕊剛開始
是粉紅色

小列當附著在
紅菽草白色的
根上！

137

雄花長在莖的頂端！

雌花隱藏在這裡！

各位，請停下腳步，仔細觀察路邊野草的巧思。花點草的末梢是雄花的花苞，當它接受陽光照射，察覺環境變溫暖了，原本摺疊起來的雄蕊柄會加壓，一瞬間伸出，同時花粉也會拋在空中。藉由這樣的設計，即使花點草本身長得嬌小，附近又沒有風吹，還是可以傳播花粉。所以我們可以看到晴天的草叢間有花粉像狼煙般「咻～咻～」飛起。接受花粉的雌花大小還不到一公釐，群聚在葉片下方。

由於伸展時的作用力，雄蕊會彈出花粉！

花点草
花點草
Nanocnide japonica

蕁麻科花點草屬
♀ 4～5月　❋ 多年生草本植物
🗡 10～30 cm

實際大小

剛開始雄蕊的柄會向內側彎曲……

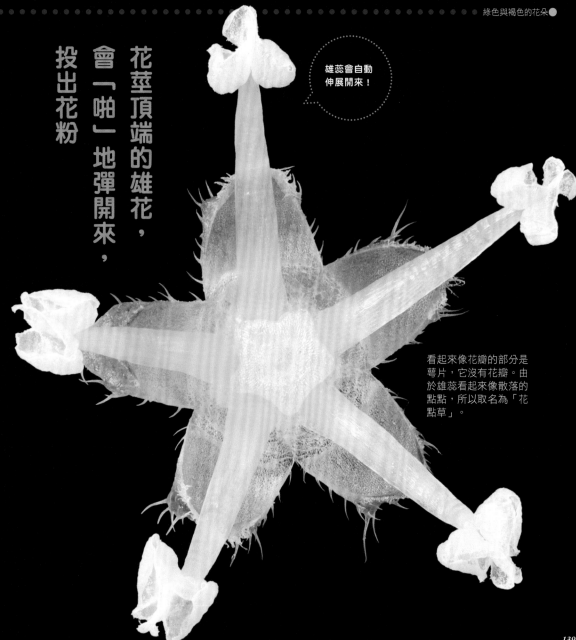

花莖頂端的雄花，
會「啪」地彈開來，
投出花粉

雄蕊會自動
伸展開來！

看起來像花瓣的部分是
萼片，它沒有花瓣。由
於雄蕊看起來像散落的
點點，所以取名為「花
點草」。

雄花閃耀光彩！

花粉從巨大的
雄蕊飛散飄落

當花朵朝下時，花粉
會飛散。花粉很光
滑，較容易飄落。

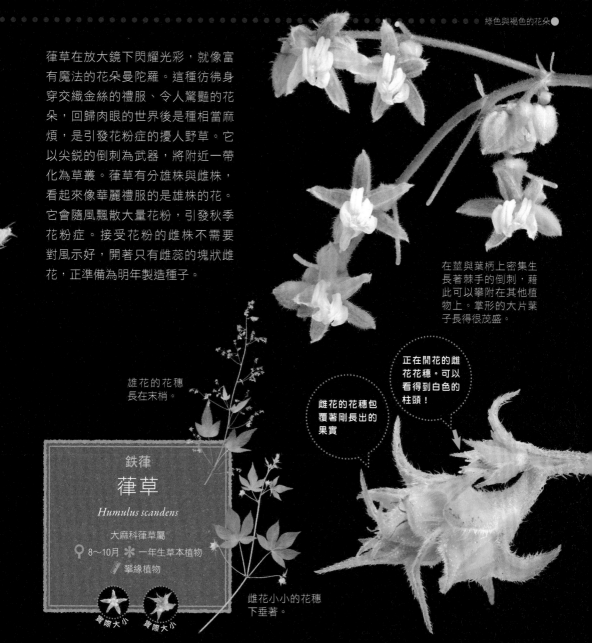

葎草在放大鏡下閃耀光彩，就像富有魔法的花朵曼陀羅。這種彷彿身穿交織金絲的禮服、令人驚豔的花朵，回歸肉眼的世界後是種相當麻煩，是引發花粉症的擾人野草。它以尖銳的倒刺為武器，將附近一帶化為草叢。葎草有分雄株與雌株，看起來像華麗禮服的是雄株的花。它會隨風飄散大量花粉，引發秋季花粉症。接受花粉的雌株不需要對風示好，開著只有雌蕊的塊狀雌花，正準備為明年製造種子。

在莖與葉柄上密集生長著棘手的倒刺，藉此可以攀附在其他植物上。掌形的大片葉子長得很茂盛。

雄花的花穗長在末梢。

正在開花的雌花花穗。可以看得到白色的柱頭！

雌花的花穗包覆著剛長出的果實

鉄葎

葎草

Humulus scandens

大麻科葎草屬

♀ 8～10月 ✳ 一年生草本植物

🌿 攀緣植物

實際大小　實際大小

雌花小小的花穗下垂著。

141

雖然是葡萄的親戚，但是色彩斑斕的果實不能吃

果實彷彿寶石般色彩繽紛！

藉著藤鬚攀附在草木或圍籬上。

在雌蕊底部的花盤，蘊含豐富的花蜜！

綻放許多兩性花

即使稱為葡萄，色彩繽紛的果實卻不能吃

雄蕊很長的是雄花

雄蕊比較短，子房偏大的是雌花

這裡有兩種葡萄科植物。細本葡萄是食用葡萄的親戚，雌雄異株，雌株的果實會成熟變紫，但是味道太酸不能吃。不論雌花或雄花，花瓣都像帽子形，當開花時它們同時都會脫下帽子，露出雌蕊與雄蕊。別屬的異葉山葡萄花通常有五枚花瓣，屬於兩性花。它的花蜜就在較淺的位置，所以口器短的長腳蜂經常來訪。成熟的野葡萄有白、淺藍、藍、紫色，雖然很漂亮，但是既沒有甜味也不帶酸味，還有可能隱藏著蟲子，並不適合食用。

比較嫩的枝葉布滿了褐色的毛。在住家或商店集中的區域，很容易在圍籬上看到細本葡萄的身影。

蝦蔓

細本葡萄

Vitis ficifolia

葡萄科葡萄屬

6～8月 蔓性落葉樹

2～5 m

別名：葡萄葛

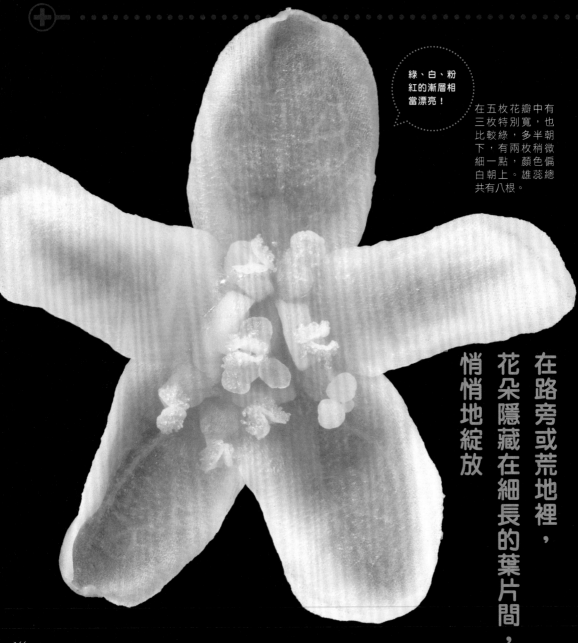

綠、白、粉
紅的漸層相
當漂亮！

在五枚花瓣中有
三枚特別寬，也
比較綠，多半朝
下，有兩枚稍微
細一點，顏色偏
白朝上。雄蕊總
共有八根。

在路旁或荒地裡，
花朵隱藏在細長的葉片間，
悄悄地綻放

萹蓄是生長在路旁或荒地裡的小草。由於細長柔軟的枝葉，所以日文名字叫作「道柳」，不過它的五枚花瓣（在植物學是萼片）與八根雄蕊彷彿在耳語著「我是蓼的一種……」。順帶一提，在葉的基部有薄膜圍繞著莖，這也是蓼科植物的特徵。更值得注意的是，花瓣中有三枚比較寬，較為濃綠，位於外側，另外有兩枚比較窄，顏色泛白，朝向內側。蓼科植物應該有五片萼片，沒有花瓣……或許其中有三片是萼片，兩片是花瓣？

葉片的基部形成薄膜，包覆著莖。萹蓄的花苞也在薄膜中生長，陸續綻放花朵。

細長的葉片跟柳葉有點像

萹蓄的小花在葉片基部端正地開了

道柳
萹蓄
Polygonum aviculare

蓼科蓼屬

♀ 5～10月 ✳ 一年生草本植物

📏 10～40 cm

實際大小

種子長約3mm

逗貓棒竟然
也會開花！

紅色的毛根是
雌蕊，黑色的
部分是雄蕊

金狗尾草
金色狗尾草

Setaria pumila

禾本科狗尾草屬

♀ 8～10月　✳ 一年生草本植物

▯ 30～80 cm

實際大小

在穗的基部有
柔軟的毛

金色狗尾草是日本人暱稱為「逗貓棒」的狗尾草親戚，在小小的穗上點綴著金色的剛毛，看起來很漂亮。在拿來跟貓玩之前，我們先來找找看花在哪裡吧。如果試著放大觀察一粒粒的穗，在穗的頂端裝飾著漂亮的紅色毛根，這是花朵的雌蕊。在搖曳的白線頂端看起來黑黑的部分是雄蕊的花藥，隨風飄散的花粉很容易被雌蕊的「毛根」網羅。金色的剛毛附著在一粒粒果實底下，所以即使果實掉落後，剛毛仍然留在穗上。

這是綠色的狗尾草，日文發音是ENOKORO（小狗）GUSA（草）。小狗的小小尾巴多可愛呀！

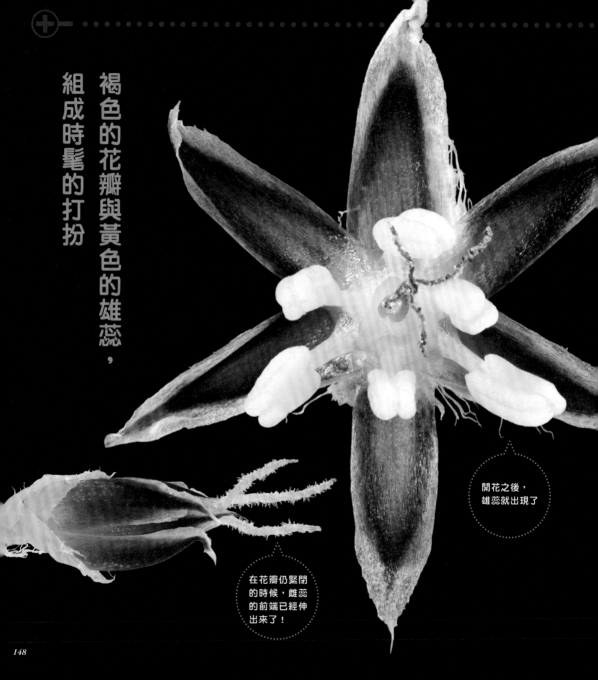

褐色的花瓣與黃色的雄蕊，組成時髦的打扮

開花之後，雄蕊就出現了

在花瓣仍緊閉的時候，雌蕊的前端已經伸出來了！

頭花地楊梅的花是風媒花。通常生長在鄉間的草地、公園的草坪等場所。

雀の槍
頭花地楊梅
Luzula capitata

燈心草科地楊梅屬

♀ 4〜5月　✳ 多年生草本植物

🗡 10〜30 cm

實際大小

在毛槍前端簇擁的花，帶著許多雄蕊！

結出種子了！

白色的部分是螞蟻最愛的食物

在江戶時代，跟隨大名（領主）的行列，在列首會舉起前端綴有球形裝飾物的「槍」前進。由於這種植物長得像小小的毛槍，所以取了這個帶有童話色彩的名字。雖然它的花是兩性花，但是雌蕊與雄蕊會依照順序先後成熟。在花還沒開之前雌蕊會先冒出，開花後雄蕊就出現了，彷彿在表演快速變裝秀似的。藉著這樣的機制，可以達到異花授粉的作用。在開花後，頭花地楊梅仍有值得欣賞的特色，一朵花可以結出三粒種子，這樣的畫面很可愛，種子上還附著為螞蟻準備的果凍，又是個童話般的景象。

陸續綻放後，看起來就像仙女棒！

帶有銳角的星形，看起來很酷！

草藺
阿里山燈心草
Juncus tenuis

燈心草科燈心草屬
♀ 6〜9月 ✳ 多年生草本植物
▯ 15〜50 cm

實際大小

阿里山燈心草不論葉或花莖都很有韌性，即使被踩或被折，很快就能再立起來。

藉由毛根狀的雌蕊，
捕捉花粉！

日文中的草蘭（クサイ）與「臭」諧音，但真正的意思是「野草中的蘭草」。它跟用來製作榻榻米表面的蘭草是親戚，但是卻沒有得到妥善利用，悄悄地過著成天被人或車輾在地面的日子。雖然阿里山燈心草是種不受注意的野草，但是在放大鏡觀察下，它的花朵帶有透明的美感。雄蕊飄散的花粉由雌蕊蓬鬆地抱住，結成果實。在果實內部有無數細微的種子，披著黏液的外衣靜待時機，當整株草遭到人或輪胎壓過，就會順勢附著上，趁機移動到其他場所。

雌蕊的前端看起來就像毛根，毛茸茸的！

球穗扁莎扁平的小穗由紅銅色、淡褐色、墨綠色井然有序地交織而成，令人聯想到日本的傳統工藝編繩。它的莖很硬，莖部的剖面呈鈍三角形。

畔蚊帳吊
球穗扁莎
Cyperus flavidus

實際大小

莎草科扁莎屬

♀ 8～10月 ✳ 一年生草本植物 🌿 20～40 cm

球穗扁莎草生長在田埂或濕地，葉片的寬度大約只有1~2mm，相當細小。到了秋季，它會伸展出貌似點燃中的線香花火般的穗。在小穗的左右兩側有小花扁平地並列，在開花時會伸展出微小的雌蕊與雄蕊。

莎草科植物的花朵，大集合！

莎草科屬於有細長葉片的單子葉植物，有許多生長在水邊。它們開的花是利用風傳播的風媒花，由許多小小的花聚成細密的小穗。其中有許多植物莖部的剖面是三角形，或是葉子已經退化，只藉由綠色的莖進行光合作用。

三角藺
蒲（大甲草）
Schoenoplectus triqueter

實際大小

莎草科擬莞屬

♀ 7～10月 ✳ 多年生草本植物 🌿 50～120 cm

蒲生長在沼澤或河岸的濕地。呈三角形的莖直直地豎立著，接近頂端的枝岔開來，各附著二到三顆水滴形的小穗，幾乎沒有葉子。

從小穗縫隙間伸出的絲狀物是雌蕊的柱頭。在連接小穗的地方伸出幾片朝上的部分，那不是莖，相當於苞片。

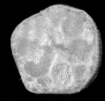

姬莎草
短葉水蜈蚣
Cyperus brevifolius var. *leiolepis*

實際大小

莎草科莎草屬

♀ 7～10月 ✳ 多年生草本植物 📏 5～20 cm

「莎草」（クグ）在日文古語中泛指莎草類的植物。這種草在莖部頂端有顆小小的圓形球狀物。如果仔細注意，在鄉間的草地或公園的草坪到處都有生長。

由短短的小穗聚集成球狀物。首先雌蕊伸出白色的柱頭，接下來雄蕊伸出黃色的花葯。

螢藺
細稈螢藺
Schoenoplectus hotarui

實際大小

莎草科擬莞屬

♀ 7～10月 ✳ 一年生草本植物 📏 15～60 cm

生長在沼澤與溼地，圓柱形的莖直立著，從小穗生長的地方往上開始其實是苞片（長在花朵附近的葉片），乍看之下就像是有花開在莖的中間。

小穗呈卵形，有數個小穗聚集在一起。白色的線狀物是雌蕊的柱頭，在圓圈內的黃色棒狀物是雄蕊的花葯。

在莖的前端有分岔，結出水滴形的小穗。跟同屬的蒲（大甲草）、細稈螢藺相同，莞的萼與花瓣都有長倒刺，連成熟的種子上也有。或許這是為了附著在候鳥上而準備的。

太藺
莞
Schoenoplectus tabernaemontani

實際大小

莎草科擬莞屬

♀ 7～10月 ✳ 多年生草本植物 📏 80～200 cm

莞生長在沼澤與河岸，粗粗的圓莖高高伸出，沒有葉子。它跟細稈螢藺、蒲一樣，莖的內部呈海綿狀，包含著空氣，可以輸送到水底容易缺乏氧氣的根部與地下莖。

在花瓣前端
有細小的毛

甘野老
萎蕤
Polygonatum odoratum var. *pluriflorum*

天門冬科黃精屬
♀ 4～6月 ✳ 多年生草本植物
📏 30～60 cm

實際大小

從地下莖抽出莖，
從每個花柄垂下一
到兩朵花。

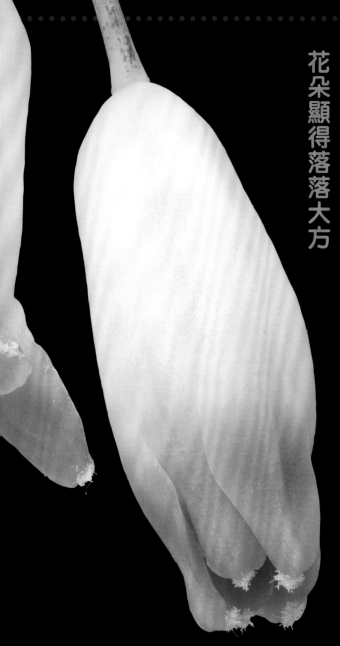

藉由白與綠清爽的配色，
花朵顯得落落大方

雄蕊的根部
跟花瓣合為
一體！

結出黑色的
果實！

這種花對於蜜蜂來說特別顯眼。如果從人類的視角往下俯瞰，白綠色的花正優雅地綻放著。萎蕤向下開花是有原因的，這樣可以專門招待身手矯捷的熊蜂，阻擋蒼蠅與馬蠅。熊蜂的學習能力比較好，將會重覆回訪，達到幫忙運送花粉的目的，這就是萎蕤打的如意算盤。位在花朵前端的毛束應該是花苞留下的扣具。這種花綻放在鄉間的原野與雜木林中，葉片上有斑的品種則種植在庭院裡。

欺騙昆蟲，偽裝成香菇模樣的花

花朵呈八角形，雄蕊與雌蕊在哪裡？

像蓋子一樣的部分是雌蕊，雄蕊藏在底下！

又稱為一葉蘭。名字中雖然有「蘭」，卻不是蘭花的親戚。

葉蘭
蜘蛛抱蛋
Aspidistra elatior

天門冬科蜘蛛抱蛋屬

♀ 4～5月　❋ 多年生草本植物

╱ 50～100 cm

實際大小

在住家附近可看到蜘蛛抱蛋的常綠大型葉片矗立著。許多人都認為它是從中國傳到日本，不過九州南方的島嶼才是日本的原產地。據說日本便當中用來分隔菜餚的塑膠葉片之所以叫バラン（BARAN），是從蜘蛛抱蛋的日文俗名葉蘭（HARAN）音轉而來。因為從前日本人會使用葉蘭葉片作為分隔菜餚的材料。特別值得注意的是它的花，在靠近地面的高度綻放，顏色也很不起眼，甚至連通往花心的入口都找不到。不過細看之下，有幾處小小的縫隙，可以讓蕈蚋鑽進去。把鼻子湊近會聞到淡淡的菇味，其實這正是為了引誘會在香菇產卵的蕈蚋，以氣味欺騙它們代為運送花粉。

在果實中大約有五粒種子

果實渾圓，成熟後依然是綠色

花粉由蕈蚋代為運送，不過種子會由誰搬運還是個謎。

157

留下紀錄

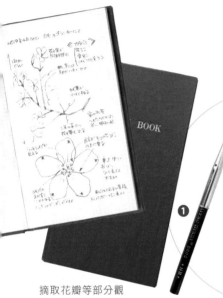

摘取花瓣等部分觀察，甚至連根部都可以細看。毛的生長方式或觸摸的質感等，可以藉由速寫留下紀錄。

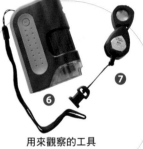

用來保存的道具
④夾鏈袋。採集的植物放在裡面會枯萎得比較慢。⑤塑膠保鮮盒

用來記錄的工具
①筆記本與鉛筆 ②相機，最好是適合近攝的機種。③手機專用的近攝鏡頭

用來觀察的工具
⑥隨身型顯微鏡
⑦放大鏡

透過鏡頭，將發現美麗的微小世界。你要不要試著為眼前的植物留下重要的紀錄呢？

首先要準備的是野外筆記本（野帳或測量野帳）跟鉛筆（自動鉛筆或原子筆也可以）。尺寸約口袋大小，有封面的最方便。接下來我們就寫下年月日、地點、數值，以及其他發現，為整體或局部畫速寫吧。

還有記錄用的相機。有近攝功能的數位相機最適合。如果是傳統手機或智慧型手機，可以把鏡頭拉近再拍攝。若是在智慧型手機用夾子固定近攝鏡頭（在日本的百圓商店有可能找到），就能拍出放大倍率更高的微距攝影。

帶著夾鏈袋或塑膠保鮮盒，就能將在野外摘的花攜帶回家，延緩枯萎的時間。在觀察之後壓平乾燥，就能夠作為植物標本長期保存。想透過圖鑑查詢不認識的植物時，實物或標本會有很大的幫助。

為了仔細觀察花朵的內部，可以利用剃刀等工具嘗試剖開。

在切開後可以試著分解、逐一拆開，觀察每個部分。

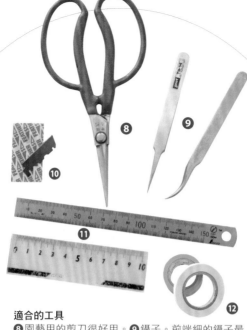

⑧ **⑨**
⑩
⑪
⑫

適合的工具
⑧園藝用的剪刀很好用。⑨鑷子。前端細的鑷子最適合。⑩雙面刃的剃刀。如果刀片夠薄，就能切開細小的物體。⑪尺。如果放在植物旁邊拍照，就能同時記錄尺寸。⑫和紙膠帶或紙膠帶。把植物或種子貼在筆記本時很方便

可以用鑷子將花的入口撥開，觀察內部，或是挾住花瓣或雄蕊等部分，試著挪動。

用鑷子進行精細的步驟很方便，也不會傷到花瓣。

在野外觀察時，請記得攜帶放大鏡。如果是十到二十五倍的放大鏡，就能觀察細部。像手掌大的迷你顯微鏡，最近可以透過網路及其他通路買到，附LED照明而且能放大六十到一百二十倍，可以作為高倍率的實體顯微鏡。如果將輕便型的數位相機（設定自動對焦）或手機的鏡頭對著觀測窗，就能拍出顯微鏡攝影。

其他則是一些方便的小道具。例如剪斷枝葉的園藝用剪刀、鑷子、用來製作切片或剖面的剃刀刀片、尺、紙膠帶，只要將這些工具收納在大小適中的盒子裡，隨時都可以出發前往野地囉！

05 啃食王瓜葉的蟲子

在觀察植物時，就算不感興趣也會看到昆蟲。纏繞在圍籬上的王瓜葉，上面有瓜茄瓢蟲的幼蟲正在攀爬著。路旁的野草不會有人刻意去除蟲，它在大口大口地啃食著葉子。

會吃瓜科植物的昆蟲不多。苦瓜正屬於其中一例，野生的瓜科植物帶有苦味，對於蟲類名符其實的確「苦於應對」。

瓜茄瓢蟲雖然跟七星瓢蟲很像，但是鞘翅沒有光澤，上面有十個黑點。即使瓢蟲是出了名的會吃蚜蟲的益蟲，但那其實是異色瓢蟲與七星瓢蟲的功勞，瓜茄瓢蟲是草食性昆蟲。瓜茄瓢蟲不論成蟲或幼蟲都吃王瓜，不過幼蟲像毛蟲一樣渾身都是刺，無法跟成蟲聯想在一起。它會從葉片的背面開始吃，留下表皮，啃食後形成彩色鑲嵌玻璃般的痕跡。

仔細觀察後，我發現有趣的現象。在啃食葉片前，瓜茄瓢蟲的幼蟲會先留下咬痕再移動，留下圓形的痕跡，接下來它再吃圓形的內側。原來如此！它先咬傷葉片，讓帶苦的汁液流出再吃它！像黃守瓜或黑腳黑守瓜也會吃王瓜，它們在吃之前也會在葉片上留下咬痕，之後再啃食內側。不過這兩種蟲連表皮都吃，一點都不剩，所以吃完後葉片上會有洞。喂喂，你們這些傢伙真的很會呀！我看了以後，好像變得稍微喜歡蟲子一點點。

野草的過去與未來

野草的出現

在人類出現以前，野草是在哪裡生長又如何生存呢？

虎杖是日本原生種植物，從平地到山上都有廣泛分布。它原本的生活場域是野山的崩壞地形或火山周邊的砂礫地，後來它找到人類開發的道路旁與空地這類環境，成功地繼續衍生。通常在濕地有繁多的慈姑或水芹菜，它們也會在人類所開闢類似水田的環境生長。

日本原本是水資源豐富，布滿森林與山林的國家。人類開闢森林，建立村落，修築道路，耕種田地，

於是在這些地方的空隙之間，野草成功地移入。

其實野草的勢力分布在最近幾十年間有大幅變化。在後面的篇幅將會提到，自戰後的經濟高度成長期以來，日本的自然風景已出現大幅變化。

藉由種子或地下莖繁殖

潛藏在土壤下的種子、藉由風或鳥帶來的種子、嵌在鞋底跟著移動的種子……在土裡有許多我們意想不到的植物種子，迫不及待地等待著時機。有些種子一旦錯過時機，就得再沉睡數十年。有時出於偶然，當水

分、光線、溫度各方面條件都符合的瞬間，地下的種子會醒來，爭相從縫隙中發芽。搶得先機的種子會展開子葉，位在下方的種子遭到遮蔽，剩下的種子則會繼續沉睡，等待下一次機會來臨。

在工地的填土縫隙中，也有混在土裡的植物的根、地下莖、球根、種子，他們會一起發芽，如果正好被打碎，新芽的數量也會增加好幾倍，比起種子很小的芽長得更快，在新的場所形成多年生草的聚落。

現在到處都有人在除草、進行田裡的工作、拆掉舊家屋、展開工程。翻動後

的土塊散開來，耕耘機來回移動，推土機挖掘著地面，砂石車運送大量的土壤。在這些土中，野草的種子、根或地下莖，正不懷好意地蓄勢待發。人類可說是為野草提供了相當充裕的新居住空間。

飄洋過海而來的野草

現在我們所看到的野草，有許多是漂洋過海來到日本的外來種。剛開始是隨著農耕文明的引進，野草的種子也混在作物的種子中傳入。

由人類開墾的肥沃田畝與乾燥的土地，在日本等於是前所未有的新環境。從外地運送來的新植物，很快地就在這樣的環境繁衍擴散開來。由於人類干預從國外引進的植物稱為「外來植物」（外來種），其中野生化的品種稱為「歸化植物」。在史前時代傳入的歸化植物稱為「史前歸化植物」。像薺菜、酢漿草、寶蓋草、睫穗蓼、鼠麴草、苦菜都屬於這一類，這些植物在大陸都有分布，但是在日本只有村落等地才有，深山裡則完全看不到，這樣的現象正可作為推斷的依據。

隨著時代變遷，傳入日本的植物也增加了。像魚腥草、薏苡、紫雲英、紅花石蒜、日本鳶尾等，雖然沒有留下紀錄，據推測應該是從中國大陸引進的有用植物，後來逐漸野生化。

自從江戶末期日本開國以來，外來種植物急速增加。來自歐美，城市與田間的野草陸續引進日本。其中有些是新的園藝植物，譬如後來野生化的春飛蓬、紫花酢漿草、北美一枝黃花等也包括在內。適合作為優秀牧草的西洋蒲公英、菽草、紅菽草也在這時傳入。伴隨著人們的移動，許多野草也來到日本。一般稱為歸化植物的，多半是指從這個時期開始引進的種類。

在第二次世界大戰後的

一九五〇到七〇年代之間，也就是所謂的經濟高度成長時期，歸化植物爆發性地增加。人工造陸、河川工程、道路建設、住宅開發等工程大規模進行，形成了塵土飛揚的乾燥空地。這些空間正好收留了來自全世界乾燥地域的外來種植物。原本生長在草原的北美一枝黃花，也在這個時期急遽增加。

日本原生種植物有四分之一面臨滅絕危機

另一方面，日本的原生種植物數量減少。隨著環境開發，人們的生活習慣產生變化，里山的環境也大幅改變。像芒草原、雜木林、水塘、小溪、谷戶田等屬於里山的自然環境漸漸流失，荒地與乾燥的空地增加了。原本生長在里山的普通野草像輪葉沙參、地榆、野百合、瓜子金、山奶草等，也被奪走了棲息地。其實現在日本的野生植物，大約有四分之一面臨滅絕的危機。

在日本的自然環境中，植物與昆蟲、鳥、動物彼此關係密切地生存，日本原生種植物的減少，對於其他生物也會帶來莫大的影響。

新的威脅

目前地球環境正面臨相當大的威脅，包括水源與環境的汙染、氣候暖化及其導致的山林火災、乾旱，這些與野生動植物的生長與分布也息息相關。

日本最近面臨嚴重危機，尤其令人憂心的是野鹿數量遽增，造成啃食的問題。

當野鹿大量增加時，首先氣味濃的植物、帶有臭味的植物、有毒植物、帶刺的植物會留下來。如果銀線草與及己（它們是鹿不喜歡的植物）增加了，那正是野鹿變多的徵兆。要是野鹿繁殖得更多，牠們連討厭的植物都會吃掉。所到之處，各種草木都會被啃光，甚至連原

本的森林深處都會暴露出來。野鹿連落葉都吃，所以土壤也會跟著消失，樹苗長不出來，漸漸地岩石裸露，只留下荒蕪的景象。這樣的地域正在日本各地擴大中。

野草與人的未來

野草近在身邊，懂得利用人類，瞞著我們悄悄擴大勢力。

最近野草有了新用途，可以作為地被植物或水槽裡的水草，新的野草也開始興起。長久以來，原本在海岸嚴苛環境下生存的鴨舌癀，如果移植到安逸的環境，施給肥料，將會迅速增加甚至野生化。每年都有新的外來植物引進日本，漸漸地步上野草之路。

在農業領域中，也有新世代的主角誕生，那就是能夠抵抗各種除草劑的「超級野草」，加拿大蓬與牛筋草都贏得了這項殊榮。這可說是野草對於過往除草劑的控制所引發的叛亂。

早熟禾是混在高爾夫球場草坪裡的禾本科野草，為了讓球桿順利揮出，球場的草常割得短短的，它可以躲在這麼低的位置開花，如果在整理得比較粗略的草地，它也可以長高後再開花，天生具有不同的屬性。這也是在長年遭受人類割除的過程中，持續對抗所以進化而成。

野草也會對鹿的啃食加以抵抗。在野鹿很多的宮城縣金華山所生長的薊，增生出許多尖銳的刺。車前草也長得特別小，藉此躲過野鹿的目光，花穗變成橫長，以求逃過啃食。

野草真的很強韌。不過讓野草繁衍生長的正是我們人類。野草只是在人類周遭尋找適合自己生長的環境，努力地活著。過去如此，以後仍將如此。

野草所生長的世界，其實也是人類生存的同一個世界。

索引

*依首字筆畫順序排列
細字是在解說或專欄內文介紹的植物。

特別感謝　陳建文

林業試驗所植物園組聘用助理研究員
審訂本書專有名詞。

攝影協力

香川長生、櫻井八州彥、NPO法人八之岳
森林文化會、館野太一、小林由佳、御巫
由紀、木下美香、小山京子、多田多惠
子、東京大學研究所農業生命科學研究科
附屬演習林與千葉演習林、東京大學研究
所理學系研究科附屬植物園與日光分園、
東京理科大學野田校區一百周年紀念理窗
會自然公園。

主要參考資料

《改訂新版 日本的野生植物》（平凡
社）、《山溪攜帶型圖鑑 野外的花朵 增
補改訂新版》（山與溪谷社）、《小學
館圖鑑NEO花》（小學館）、《日本歸
化種植物寫真圖鑑》（全國農村教育協
會）、《周遭的草木果實和種子手冊》、
《昆蟲聚集的花朵手冊》（文一綜合出
版）、《身邊野草的愉快生活方式》（草
思社）、「松江的花朵圖鑑」（https://
matsue-hana.com/）、「福原的網站（植
物形態學、生物照片集等等）」（https://
staff.fukuoka-edu.ac.jp/fukuhara/index.html）、
「BotanyWEB」（https://www.biol.tsukuba.
ac.jp/~algae/BotanyWEB/）。

第二彈！微距攝影の野草之花圖鑑

野花草微觀解剖書！更多的香草、食用藥用植物大集合

もっと美しき小さな雑草の花図鑑

攝　　影	大作晃一
文　　字	多田多惠子
譯　　者	嚴可婷
審　　訂	陳建文
封　　面	Mollychang.cagw.
排　　版	詹淑娟
責任編輯	詹雅蘭

行銷企劃	王綬晨、邱紹溢、蔡佳妘
總編輯	葛雅茜
發行人	蘇拾平

出版	原點出版 Uni-Books Email: uni-books@andbooks.com.tw 電話：（02）2718-2001 傳真：（02）2719-1308
發行	大雁文化事業股份有限公司 105401 台北市松山區復興北路333號11樓之4 www.andbooks.com.tw 24小時傳真服務 （02）2718-1258 讀者服務信箱 Email: andbooks@andbooks.com.tw 劃撥帳號：19983379 戶名：大雁文化事業股份有限公司

初版一刷	2021 年 7 月
ISBN	978-986-06634-8-8
ISBN	978-986-06882-5-2（EPUB）
定價	450 元

國家圖書館出版品預行編目(CIP)資料

第二彈!微距攝影的 野草之花圖鑑：野花
草微觀解剖書!更多的香草、食用藥用
植物大集合!/大作晃一 攝影、多田多惠
子 文字；嚴可婷譯. -- 初版. -- 臺北市：
原點出版：大雁文化事業股份有限公司
發行, 2021.07
176面；17x18公分
譯自：もっと美しき小さな 草の花図鑑
ISBN 978-986-06634-8-8(平裝)

1.被子植物 2.植物圖鑑

376.1025　　　　　　　　110011400